机器人搭建与编程

主　编　鲁先法

副主编　汤　磊

参　编（排名不分先后）

　　　　钱　晨　徐　炎

　　　　许　燕

合肥工业大学出版社

图书在版编目(CIP)数据

机器人搭建与编程/鲁先法主编 . —合肥:合肥工业大学出版社,2023.10
ISBN 978 - 7 - 5650 - 6476 - 0

Ⅰ.①机…　Ⅱ.①鲁…　Ⅲ.①机器人技术—基本知识　Ⅳ.①TP24

中国国家版本馆 CIP 数据核字(2023)第 205017 号

机器人搭建与编程

JIQIREN DAJIAN YU BIANCHENG

鲁先法　主编

责任编辑	张择瑞	
出版发行	合肥工业大学出版社	
地　址	(230009)合肥市屯溪路 193 号	
网　址	press. hfut. edu. cn	
电　话	理工图书出版中心:0551 - 62903204	
	营销与储运管理中心:0551 - 62903198	
开　本	710 毫米×1010 毫米　1/16	
印　张	12.25	
字　数	207 千字	
版　次	2023 年 10 月第 1 版	
印　次	2023 年 10 月第 1 次印刷	
印　刷	安徽联众印刷有限公司	
书　号	ISBN 978 - 7 - 5650 - 6476 - 0	
定　价	68.00 元	

如果有影响阅读的印装质量问题,请与出版社营销与储运管理中心联系调换。

前　言

　　中学生科技创新思维的启发、创新能力的提升需要借助实践活动载体来培养。随着智能技术的发展，智能机器人教育实践已经逐步走进中小学学校，形成学生创新能力、综合素质培养的有力平台，成为中小学生创新能力培养的重要途径。本书编写人员均为一线科技辅导员，长期从事科技创新实践活动竞赛辅导，具有丰富的科技创新教育教学理论知识和实践经验。

　　本书从机器人的基础知识、设计与制作机器人所需的常用电子器件入手，介绍了当前中小学机器人教育领域中常用的机器人系统，还涉及了部分竞赛项目。教材共分为六章，第 1 章主要介绍了初学者对机器人的认识，以及机器人的应用和基本工作过程；第 2 章主要介绍了机器人的结构，包括电机和相关电子元器件；第 3 章介绍了机器人的控制器，包括几种常见的开发板，以及 V5 控制器和 EV3 控制器；第 4 章介绍了传感器的基础知识、工作原理和使用方法；第 5 章介绍了编程语言的基础知识，以及基于不同主控板支持下的机器人编程实现；第 6 章介绍了一些具体的机器人应用实例，以此来使学习者体验机器人设计、制作的魅力。

　　本书由鲁先法担任主编，汤磊担任副主编，章节人员分工是：汤磊负责第一章、第二章、第三章，徐炎负责第四章，钱晨负责第五章，鲁先法、汤磊、许燕、钱晨负责第六章，鲁先法、汤磊负责校对和审核。

本书简明易懂，图文并茂，重点突出，引用实例，开阔学习者的眼界，使学习者初步掌握机器人搭建和编程的基本知识。本书尤其适合中小学开展机器人教育及机器人竞赛辅导教学使用。

由于编者水平有限，书中难免会存在不足之处，我们诚恳地希望大家批评、指正，以便本书在下一次修订时及时改正。

编　者

2023 年 10 月 1 日

目　　录

第 1 章　走近机器人 ……………………………………………… （001）

　1.1　认识机器人 ………………………………………………… （002）

　1.2　机器人的工作原理 ………………………………………… （011）

第 2 章　机器人的结构 …………………………………………… （015）

　2.1　机器人的主体结构 ………………………………………… （016）

　2.2　机器人的传动结构 ………………………………………… （024）

　2.3　机器人的动力输出 ………………………………………… （038）

第 3 章　机器人的控制器 ………………………………………… （046）

　3.1　几种常见的开发板 ………………………………………… （047）

　3.2　V5 主控器 …………………………………………………… （056）

　3.3　EV3 控制器 ………………………………………………… （060）

第 4 章　机器人的传感器 ………………………………………… （065）

　4.1　常见的电子元器件 ………………………………………… （066）

　4.2　机器人的"眼睛"——传感器 ……………………………… （073）

第 5 章　程序设计基础 ……………………………………………………… (080)

　　5.1　算法基础 ……………………………………………………………… (081)

　　5.2　基于几种不同控制器环境下的图形化编程 ………………………… (089)

第 6 章　机器人应用实例 …………………………………………………… (111)

　　6.1　避障机器人 …………………………………………………………… (112)

　　6.2　巡线机器人 …………………………………………………………… (116)

　　6.3　足球机器人 …………………………………………………………… (126)

　　6.4　灭火机器人 …………………………………………………………… (133)

　　6.5　智慧婴儿车机器人 …………………………………………………… (147)

　　6.6　VEX 机器人 ………………………………………………………… (158)

第1章
走近机器人

　　一部名叫《机器人总动员》的影片让众多影迷领略了机器人 WALL－E 带给人类的感动，而两部《变形金刚》的问世，更让人们见识了工业时代科技产物的非同凡响。虽然这些科幻电影所展现的情景并非现实，但正如这些电影向人们所昭示的那样，机器人技术的应用正逐步由现有的生产领域向更为广泛的人类生活领域拓展，机器人技术的发展也越来越受到大众尤其是青少年群体的关注。

　　让我们走进机器人的世界，领略这一高科技的风采。

1.1 认识机器人

在认识自然、改造自然的历程中，人们一直渴望能创造出可以模拟人的各种功能的机器来帮助或代替人工作，在不断地尝试与努力下，人类终于在20世纪中叶实现了这一愿望。目前，已经形成了一个丰富多彩、充满神奇的机器人世界。

案例分析

每天，人们都要做家务，而家务中必不可少要做的就是扫地。如图1-1所示，最初人们常用到的扫地工具是扫把，人工操作，不但耗费体力，而且效率很低。后来，人们发明了一种扫地的机器——吸尘器，虽然减少了对人体力的消耗，但还是需要人去操作。现在，人们已经制作出了可以自动扫地的扫地机器人，不需要人去操作，就能把房间打扫得干干净净。

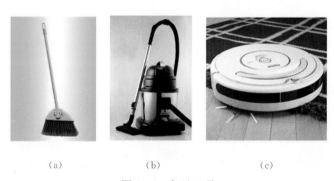

(a)   (b)   (c)

图1-1 扫地工具

机器人在人的需求和相应技术的支持下产生并得以发展。机器人具有一些类似于人某些器官的功能，能代替人完成一定的工作；它不同于一般的自动化机器，能更灵活、更自主地适应环境，完成复杂、多样化的工作。

小知识

机器人已经问世半个多世纪了，对它的定义有多种解释，下面是国际化组织（ISO）对机器人的描述：

（1）机器人的动作机构具有类似于人或其他生物体的某些器官（肢体、感官等）的功能；

（2）机器人具有通用性（versatility），工作种类多样，动作程序灵活多变；

（3）机器人具有不同程度的智能性，如记忆、感知、推理、决策、学习等；

（4）机器人具有独立性，完整的机器人系统，在工作中可以不依赖人的干预。

讨　论

请简要说说人、机器、机器人之间的区别与联系。

1.1.1　机器人与人

机器人最初用于替代人从事单一的、繁重的体力劳动。随着人类需求的不断提高，机器人技术不断发展，它的功能更全面、性能更高，能从事更多、更复杂的工作。它不仅解放了人、保护了人，还延伸了人们的活动空间，提高人们的工作及生活能力，并为人们提供了很多挑战自我、发展自我的机会。

案例分析

花卉种植过程中往往需要耗费大量的劳动力来完成幼苗的移栽，人工移栽连续工作会使人疲劳，也很难长久保持高效率。而使用移栽机器人（图 1-2），不仅速度快，效率也高。

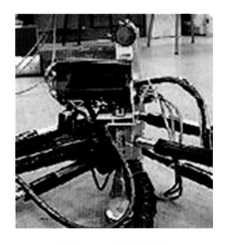

图 1-2　移栽机器人

讨　论

说出你所知道的有关机器人解放人的体力劳动，并且能提高劳动效率和工作质量的事例。

案例分析

地雷探测作业是一项非常危险的工作。如图1-3所示，日本千叶大学的科研人员开发出一种蜘蛛形状的机器人，可以用于地雷探测。它可远程操纵，用六条坚固的金属腿行走，用装有探测仪的两个操纵器进行搜索，一旦发现地雷，就在该处画上记号，便于排雷时识别。这种地雷探测机器人一天的探测面积能达 $450m^2$ 以上。

图1-3　地雷探测机器人

 讨 论

请举例说明利用机器人保护人的事例。

案例分析

海底世界有着丰富的矿产资源和形形色色的海洋生物，但是几千米深的海底世界也充满了危险，人们根本无法到达。中国科学院沈阳自动化研究所开发研制成功的"CR-01"水下机器人（图1-4），能在水下6000m深的地方工作，它可帮助人们进行海

图1-4　水下机器人

底资源调查、搜索沉船、观察海洋生物或取样以及军事侦察等。

机器人技术涉及机械、电子、信息、控制、仿生学等众多领域，为人类服务提供了很大的研究空间和发展机遇，同时也对人类能力提出了更高的要求。

讨 论

你还知道哪些利用机器人延伸了人的工作和活动空间的事例？想一想人类的所有工作都能由机器人完成吗？

1.1.2 机器人的应用

近几十年中，机器人的发展异常迅速。机器人不仅在工农业生产中发挥重要作用，而且广泛应用于军事、医疗、娱乐等各个领域。

1. 工业领域

如图 1-5 所示，机器人被广泛运用于各种自动化生产线，代替或辅助人们完成焊接、搬运、装配、喷漆、零件加工、包装等工作。机器人焊接在工业方面的应用大大加快了工业的自动化进程。

（a）焊接机器人　　　　　　　　　（b）采用机器人的汽车生产线

图 1-5　工业机器人

2. 农业领域

如图 1-6 所示，机器人在农业生产中也有着广泛的应用。它能完成耕耘、施肥、除草、喷药、收割、剪羊毛、采摘蔬菜水果、修剪林木、分拣果实等工作，使农业乘上了通往现代化的快车。

图 1-6 摘水果机器人

讨 论

你见过农业机器人吗？试想一下在你身边还有哪些农业方面的工作可以由机器人完成？

3. 军事领域

与其他先进技术一样，机器人也可以用于军事领域，如图 1-7 所示。机器人可以完成地面勘察、排雷和攻击等各种任务，还可以在水下进行探雷、扫雷、侦察等工作，用于执行空中任务的机器人则能出色地完成侦察、攻击等任务。机器人在军事方面的应用推动了其他军事技术的变革和发展，对现代战争产生了极大的影响。

图 1-7 军事机器人

讨　论

机器人用于战争，可以进行搜索和攻击，这大大增大了战斗中的杀伤力。机器人到底该不该运用于现代军事战争中？请就此展开讨论。

4. 医疗领域

如图 1-8 所示，近年来机器人在医疗领域的应用发展迅速。不但可以完成一些高精度、高难度的外科手术，如脑神经外科手术、器官移植手术、内窥镜外科手术等；还可以用于无损伤诊断和精确定位、康复和护理等。

机器人在医疗方面的应用给医学带来了一系列的革新，运用机器人进行手术、康复等工作将成为发展方向之一。

图 1-8　护理机器人

5. 服务领域

随着人们需求的不断发展，机器人应用领域在不断拓宽，服务行业也成为机器人应用的又一重要领域，如图 1-9 所示的为斟酒机器人。机器人开始走进人们的生活，走进家庭。用于办公室的机器人，可以从事接待、打印文件等工作；用于家庭的机器人可以从事清扫、洗刷等工作；用于娱乐的机器人可以用于一些表演、竞赛，供人们观赏。机器人还可以用于导游、酒店接待、售货、建筑物清洗等工作。机器人在服务领域有着广阔的应用前景。

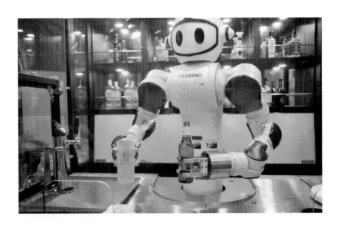

图1-9　斟酒机器人

 讨　论

机器人可以照看小孩吗？它能成为一个称职的保姆吗？

6. 科研领域

水下和太空有着丰富的资源，充满着神秘的色彩，机器人在这些领域大有可为。它们可以用于海底探测、海上打捞、海下侦察等；还可以运用于宇宙空间的科学考察，如空间生产和科学实验，卫星和航天器的维修，以及空间建筑的装配等，如图1-10所示的是火星探测机器人。

图1-10　火星探测机器人

想一想

机器人还可以应用在其他哪些方面？请举例说明。

1.1.3 机器人的发展

在日新月异的 21 世纪，随着人们需求的不断发展和科学技术的不断进步，机器人的发展势头越来越迅猛。它们的种类将更加丰富，功能将更加全面，性能将更加稳定，智能化水平将不断提高，应用领域将不断拓展，对人类、社会的影响也会越来越大。

案例分析

航天员每次上天只能携带有限的食物，要靠货运飞船往返输送食物和水。科学家们正在考虑如何让宇航员的食物能自给自足，考虑在太空飞船或在月球、火星基地上种植一些庄稼和蔬菜。但宇航员在太空任务繁忙，没有时间照看这些作物，这就需要一种特殊的设备代为操劳。

现在，人们已经研制出很多农业机器人。将这些机器人带上太空，帮助宇航员管理农作物，这已成为人们正在努力的又一目标。

 讨 论

"深蓝"——美国国际商用机器公司制造的 RS/6000/SP 国际象棋超级机器人，它精通棋术，于 1997 年以 312∶212 的成绩击败了国际象棋世界冠军加里·卡斯巴洛夫。

试就"未来的机器人会不会超过人类，会不会成为人类的敌人？"这一论题展开讨论。

 拓 展

现在市场上出现了很多"机器猫""机器狗"，收集相关资料，分析它们是不是机器人？为什么？

评一评

参照下面的评价标准，对自己本节课的收获进行评价。

评价标准	评判等级
知道机器人技术是人类为了满足自身的需求和愿望而产生的一门现代综合性技术	
理解机器人对个人生活、经济、社会和伦理道德方面的影响	
总　评	☆☆　☆☆☆

1.2　机器人的工作原理

机器人的神奇源于它的独特结构和工作原理。这一节我们将走进机器人内部，看看它的基本组成与工作过程。

1.2.1　机器人的基本组成与工作过程

案例分析

一走进中国科技馆，就会看到在一楼大厅里有一个机器人正在指挥着它前面的"乐队"，和谐地"演奏"着美妙动听的乐曲。如图 1-11 所示的音乐指挥机器人，那挥动的"双手"展现出指挥家的才能，它的"头"随着音乐的节奏不停地摆动着，而它的"嘴"正在向参观者解释它所具备的"才能"。

图 1-11　音乐指挥机器人

通过机器人透明的身体可以看到在它头部、身上安装的电子器件，这是它的控制系统。布满全身的气压传动管道将动力传送给气缸，为肢体关节提供动力，这是它的驱动系统。它的肢体、嘴等执行着指挥的动作，这是它的执行系统。

人在计算机上根据乐曲编好的程序，储存到它的控制系统中，控制系统处理程序，输出控制信号，通过控制气压驱动装置运动，实现各关节活动，形成机器人指挥乐曲的动作。

机器人各式各样，形态迥异。但它们都像音乐机器人一样由控制系统、驱动系统和执行系统三个主要部分组成。

1. 控制系统

控制系统作为机器人的指挥中心，控制着机器人的运动。它包括微型计算机为核心的控制器、存放在控制器中的程序软件，以及传感器等，如图 1-12 所示是不同种类的开发板。

(a) Arduino 开发板　　　　(b) STM32 开发板　　　　(c) 树莓派开发板

图 1-12　不同种类的开发板

2. 驱动系统

机器人与人一样，需要依靠驱动系统提供所需动力，才能完成任务。

驱动种类一般有电气驱动、气压（液压）驱动等。音乐指挥机器人是由气压驱动的。

3. 执行系统

执行系统主要是机器人的机械装置，它相当于人的四肢和躯干，按指派的任务直接对工作对象或环境作用，完成相关的动作。如图 1-13 所示是机器人的直流电机和手爪。

机器人的工作过程如图 1-14 所示。首先根据任务预先编好程序，将程序储存在控制器中；然后由控制系统发出控制信号，以控制驱动系统的工作；再由驱动系统带动执行系统完成预定任务。这三者相互配合，形成一个完整的机器人系统。

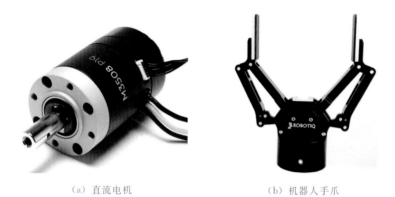

（a）直流电机　　　　　　　　　（b）机器人手爪

图 1-13　电机和手爪

图 1-14　机器人工作过程

1.2.2　简易机器人

机器人有简单的，也有复杂的。本书所例举或所制作的机器人一般结构都比较简单，制作相对容易，可以完成一些简单的任务，如图 1-15 所示。

（a）篮球机器人　　　　　（b）解魔方机器人　　　　　（c）格斗机器人

图 1-15　简易机器人

简易机器人的各个组成部分构成了一个有机整体。有了传动机械、驱动部分及最基本的控制系统，简易机器人就能"动起来"；加上预设的控制程序，简易机器人就能完成指派任务；再加上传感器，简易机器人就能自动适应环境。

控制系统由控制电路主板、控制软件等组成；驱动系统由电动机、传动系统等组成；执行系统由传动机械等构成的机械手等装置组成。

 想一想

机器人各组成部分之间怎样组合成一个有机的整体？

 评一评

参照下面的评价标准，对自己本节课的收获进行评价。

评 价 标 准	评 判 等 级
了解机器人的基本组成与工作过程	
认识简易机器人各基本组成部分	
总　评	☆☆ ☆☆ ☆

第2章

机器人的结构

本章我们将学习机器人的主体结构和作用，在此基础上对机器人的传动装置和动力输出构件和原理进行深入了解。

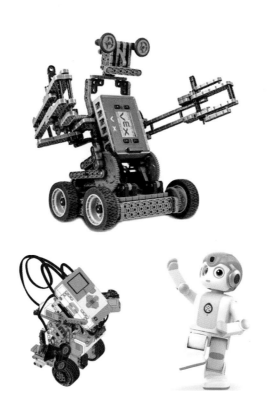

2.1 机器人的主体结构

如图 2-1 所示是"犇犇"机器人。2021 年中央电视台牛年春节联欢晚会上，机器小牛"犇犇"惊艳全场，亮相科技感十足的创意节目《牛起来》。"犇犇"属于四足机器人，奔跑速度最快能够达到 3.3m/s，这也是国内奔跑速度最快的四足机器人，同时它也可以做一些炫酷的动作，比如说后空翻、侧滚翻、太空步等，同时还特别设计了一些专属动作，让"犇犇"立起来向全国人民拜年。

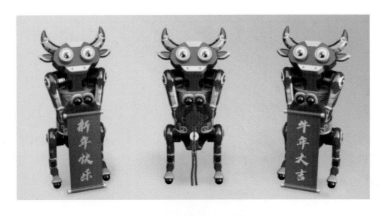

图 2-1　"犇犇"机器人

为节目《牛起来》伴舞的共有 24 只小牛，还有一只"潜伏"在观众席的大牛，负责和观众的互动。机器人如何完成这些动作？机器人需要有灵活的"身体"，才会轻松地完成一系列的动作。机器人的"身体"就和人的身体一样，需要有好的结构才会"健康"，才能顺利地完成主控器给出的一系列指令。机器人的主体结构包括机械装置和主体装置。

2.1.1　机械装置

机器人要想具有灵活的"身体"，就需要有一定自由度的机械结构。机器人的传动执行装置是关节连在一起的多个机械连杆的集合体，它们共同形成了机器人的机械装置，如图 2－2 所示。

图 2－2　多关节机械装置

1. 关节

机器人关节指的是运动副，是机器人各零件之间发生相对运动的机构，是两构件直接接触并能产生相对运动的活动连接。

（1）旋转关节

旋转关节是指连接两杆件的组件能使其中一件相对于另一件绕轴线转动的关节，两个构件之间只做相对转动的运动，如图 2－3 所示。

常见的有机器人手臂与底座、手臂与手腕，多数情况下由电机可直接产生旋转运动，但常需和各种齿轮、链条、履带传动配合。

图 2－3　旋转关节

（2）移动关节

移动关节是指两杆件间的组件能使其中一件相对于另一件做直线运动的关节，两个构件之间只做相对移动的运动，如图 2－4 所示。

图 2－4　移动关节

通常采用直线驱动的方式传动，如垂直升降驱动、径向驱动，可以由气缸或者液压缸产生运动，也可以采用齿轮齿条等传动元件把旋转运动转换成直线运动。

2. 连杆

连杆是机器人手臂上被相邻两关节分开的部分，是保持各关节关系的刚体。

连杆是机器人的重要部件，连接着关节，如图 2-5 所示。其作用是将一种运动形式转变为另一种运动形式，并把作用在主动构件上的力传动给从动构件以输出功率。

图 2-5 连杆

3. 自由度

自由度是物体对于坐标系进行独立运动的数目。机器人的功能与自由度有关。自由度的多少由机器人的机械结构决定，自由度数越多，越接近人手的动作机能，通用性好，动作灵活。

如图 2-6 所示，物体所能进行的运动有 6 种，分别是沿着坐标轴 Ox、Oy 和 Oz 的 3 个平移运动 T_1、T_2 和 T_3；绕着坐标轴 Ox、Oy 和 Oz 的 3 个旋转运动 R_1、R_2 和 R_3。

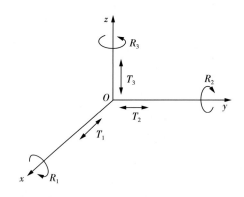

图 2-6 运动方式

我们来看看如图 2-7 所示的几种机械手臂：根据关节和连杆的机械结构，图（a）的机械手臂有 4 个自由度，图（b）的机械手臂有 6 个自由度，图（c）的机械手臂有 5 个自由度。

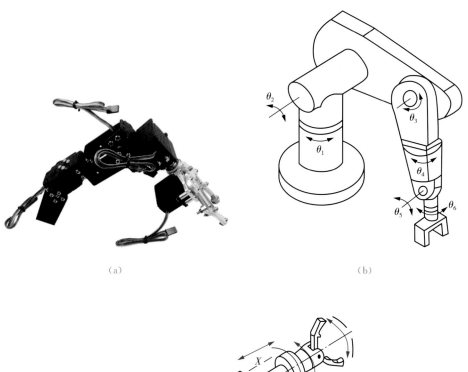

（a）

（b）

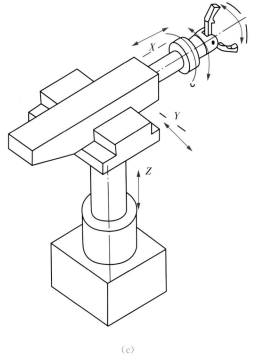

（c）

图 2 - 7　机械手臂

案例分析

如图 2-8 所示是一种名为 Shadow 的模拟仿真机械手,共有 24 个关节:大拇指 5 个自由度,其余每个手指 4 个自由度(包含指尖 2 个欠驱动关节),手掌中间(小拇指前端)1 个自由度,手腕处 2 个自由度。

图 2-8 模拟仿真机械手

这款机械手可以测量得到每个关节处的位置与力矩,同时五个手指指尖也有高精度的传感器,用于测量压力与温度。

2.1.2 主体装置

如图 2-9 所示,机器人的主体装置通常由手臂部、机身、行走机构几部分组成。

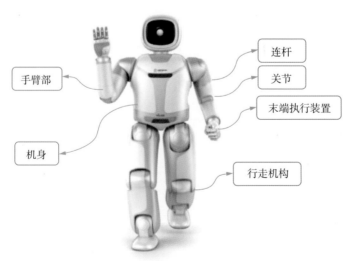

图 2-9 机器人的主体装置

1. 手臂部

如图 2 - 10 所示的机械手臂是机器人技术领域中得到最广泛实际应用的自动化机械装置，在工业制造、医学治疗、娱乐服务、军事、半导体制造以及太空探索等领域都能见到它的身影。它主要分为工业用机器人手部和仿人机器人手部。尽管它们的形态各有不同，但它们都有一个共同的特点，就是能够接受指令，精确地定位到三维（或二维）空间上的某一点进行作业。

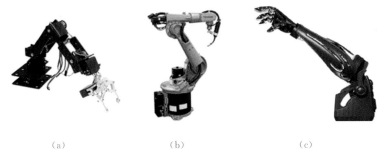

（a）　　　　　　（b）　　　　　　（c）

图 2 - 10　机械手臂

手臂主要由连杆、关节、末端执行装置组成，一般有 3 个运动：伸缩、旋转和升降。末端执行器是指任何一个连接在机器人关节上具有一定功能的工具，通常有夹钳式机械手爪、吸附式磁力吸盘、仿生多指灵巧手几种类型。

手臂的基本作用是支撑关节和末端执行装置，将末端执行装置移动到所需位置和承受末端执行装置所抓取物体的最大重量，以及手臂本身的重量等。

2. 机身

如图 2 - 8 所示的机器人机身是机器人的基础部分，是直接连接、支撑和

（a）回转与俯仰机身　　　　　　（b）类人型多自由度机身

图 2 - 11　机器人机身

传动手臂与行走机构的部件。它主要分为回转与俯仰机身、类人型多自由度机身。有些工业机器人必须有一个便于安装的基座，基座往往与机身做成一体，以回转和俯仰机身为主。类人型多自由度机身往往机身下面还会安装行走机构。

3. 行走机构

如图 2-12 所示的机器人行走机构主要是指机器人的运动结构。常见的运动结构有轮式、履带式、足式、轮足混合式等。

（1）轮式行走机构

轮式是机器人最常见的行走运动机构，具有高效率、机械简单的特点，常用于服务机器人、巡逻机器人等。轮式机器人的运动控制相对于足式机器人来说，控制简单，所以在服务领域应用广泛。

（2）履带式行走机构

履带式行走机构是指搭载履带底盘机构的机器人，具有牵引力大、不易打滑、越野性能好等优点，可以在部分凹凸的地面上行走，可以跨越障碍物，可以搭载摄像头、探测器等设备代替人类从事一些危险工作（如排爆、化学探测等），减少不必要的人员伤亡。

（3）足式行走机构

足式行走机构具有人类形态，像人一样运动的双足机器人或者具有四足动物或昆虫的形态、像这些生物一样运动的多足机器人。

多足步行机器人的腿部具有多个自由度，使运动的灵活性大大增强。它可以通过调节腿的长度保持身体水平，也可以通过调节腿的伸展程度调整重心的位置，因此不易翻倒，稳定性更高。多足步行机器人运动轨迹是一系列离散的足印，运动时只需要离散的点接触地面，对环境的破坏程度较小，可以在可能到达的地面上选择最优的支撑点，对崎岖地形适应性强，对环境的破坏程度较小。

（4）轮足混合式运动结构

轮足混合式运动结构主要应用在更加复杂的地形中，如救援机器人。机器人腿带轮可弯曲，灵活度非常高，既能在平底与低坡度表面运动，又能够做上下楼梯等升降运动，有的还可以垂直跳跃，可以极为轻易地就跳过障碍物。

（a）轮式行走机构

（b）履带式行走机构

（c）足式行走机构

（d）轮足混合式运动结构

图 2-12　机器人行走机构

 评一评

参照下面的评价标准，对自己本节课的收获进行评价。

评价标准	评判等级
了解机器人关节和连杆的作用	
学会对机器人自由度的辨识	
了解机器人主体包含的部分	
理解机器人手臂部各机械的作用和特点	
理解机器人不同行走机构的特点	
总　评	☆☆　☆☆☆

2.2 机器人的传动结构

2.2.1 齿轮传动

李宏的家里新添置了一辆家用轿车，一家人开车去郊外游玩。李宏发现爸爸在开车的过程中会拉动车上的一个"摇杆"，摇动之后汽车的速度就会有所不同，爸爸说这个叫作"换挡"。汽车有一个变速箱，通过换挡可以使汽车发动机工作在其最佳的动力性能状态下。李宏回到家上网搜索一些资料，了解很多变速箱都是基于齿轮传动来调节速度的（图 2-13），也了解了我们很多的家用电器都用到了齿轮。看来，齿轮的作用是很大的。

（a）各种各样的齿轮　　　　　　　　　（b）汽车变速器

图 2-13　齿轮与变速箱

齿轮在很多机械结构中起到调节速度的作用。我们可以设计不同的齿轮比来达到加速或者减速的效果。

讨　论

我们生活中还有这样利用齿轮调节速度的例子吗？

1. 齿轮的作用及种类

如图 2-14 所示的齿轮是一种边缘带有齿的轮子，能连续啮合传递运动和动力的机械元件。齿轮其实不仅可以改变速度（加速或者减速），还可以用

来传动力以及改变转动的方向。图 2 - 14 （a）所示的传动类型能够改变旋转
运动的速度。图 2 - 14 （b）所示的传动类型能够改变运动的形式。齿轮是旋
转运动，下方的齿条则是直线运动。图 2 - 14 （c）所示的传动类型不仅改变
了运动的速度而且改变了旋转运动的轴线方向。

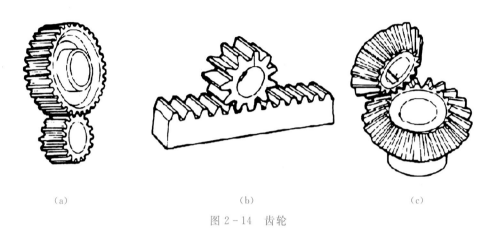

(a)　　　　　　　　　　　　(b)　　　　　　　　　　　　(c)

图 2 - 14　齿轮

想一想

在生活中，齿轮的这些作用我们可以用得上吗？

小知识

据史料记载，远在公元前 400—公元前 200 年的中国古代就已经开始使用
齿轮。在我国山西出土的青铜齿轮是迄今已发现的最古老齿轮。作为反映古
代科学技术成就的指南车就是以齿轮机构为核心的机械装置。17 世纪末，人
们才开始研究，能正确传递运动的轮齿形状。18 世纪，欧洲工业革命以后，
齿轮传动的应用日益广泛；先是发展摆线齿轮，而后是渐开线齿轮，一直到
20 世纪初，渐开线齿轮已在应用中占了优势。

2. 齿轮与齿轮比

齿轮就边缘的齿来说有多有少，多的我们一般叫作大齿轮，少的一般叫
作小齿轮。如图 2 - 15 所示是各种不同齿的齿轮。

齿轮相互咬合，可以制作机械手臂，也可以做加速减速装置。大齿轮与

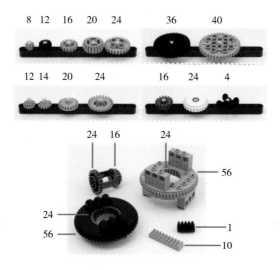

图 2-15　各种不同齿的齿轮

小齿轮齿数的比值称作齿数比，传递旋转运动的主动轮与从动轮的转速之比称作转速比（图 2-16）。

齿数比＝大齿轮的齿数/小齿轮的齿数

转速比＝主动轮的齿数/从动轮的齿数

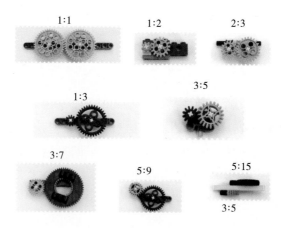

图 2-16　齿数比

　　如图 2-17 所示是齿轮旋转。两个齿轮相互咬合，转动方向是相反的。如果需要获得与电机旋转方向相反的转动，采用这一方法，两齿轮旋转方向就会相反。

如果在两个齿轮间再加入一个齿轮，则原来两个齿轮的旋转方向就会相同［图 2-17 (b)］。用齿数多的齿轮带动齿数少的齿轮旋转，可使加速，转矩减小；用齿数少的齿轮带动齿数多的齿轮旋转，可使减速，转矩增大。齿轮组合的级数越多，转速越低。齿轮的转速越快，输出的转动力就越小；而齿轮的转速越慢，输出的转动力就越大。

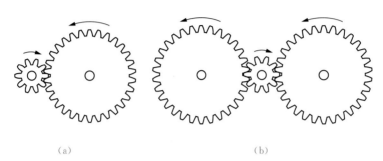

(a)　　　　　　　　　　　　　　(b)

图 2-17　齿轮旋转

上面所说的两种结构中，如两个齿轮的齿数一样，它们的转速就相同；如一个齿轮齿数为另一个的一半，则它的转速就为另一个的两倍。

制作加速装置和减速装置

加速装置：一个大的主动轮转动一圈可以驱动小的从动轮转动若干圈，这种装置叫作加速装置。加速装置增加了转动速度，但是会减小所传递的力。

加速装置的结构举例：转动大齿轮，小齿轮旋转速度比大齿轮旋转速度要快很多，但其力度只为大齿轮的 1/5（大齿轮齿数：40，小齿轮齿数：8），如图 2-18 (a) 所示。

减速装置：小的主动轮转动若干圈，大的从动轮只转动一圈，这种装置叫作减速装置。减速装置降低了速度，但是它增加了所传递的力。

减速装置的结构举例：

转动小齿轮，大齿轮旋转速度比大齿轮旋转速度要慢很多，但其力度为大齿轮的 5 倍（大齿轮齿数：40，小齿轮齿数：8），如图 2-18 (b) 所示。

（a）加速   （b）减速

图 2-18　加减速装置

同一根轴上的两个尺寸不同的齿轮和其他的齿轮组合在一起，组成效果更加明显的减速（加速）装置。第一个从动的大齿轮，转动速度较慢；第二个从动轮的大齿轮，转速则更慢。

3. 齿轮传动

如图 2-19 所示的齿轮传动是利用两齿轮的轮齿相互啮合传递动力和运动的机械传动。按齿轮轴线的相对位置分平行轴圆柱齿轮传动、相交轴圆锥齿轮传动和交错轴螺旋齿轮传动。齿轮传动具有结构紧凑、效率高、寿命长等特点。

（a）齿轮传递力   （b）齿轮改变力的方向

图 2-19　齿轮传动

在有的结构中，若需要手臂角度的改变或者机器本体的升降来完成预定的功能，就可以通过齿轮传递力来达到目标。

想一想

如图 2-20 所示的各种齿轮咬合方式，分别实现了什么样的齿轮传动？

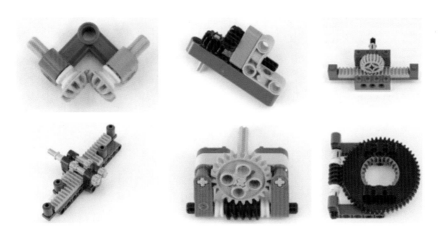

图 2-20　齿轮传动

做一做

制作一个用齿轮传递力并且可以改变力的方向的抓手，步骤如下：
（1）用轴连接蜗杆和两个突点梁，中间用轴套固定（图 2-21）。

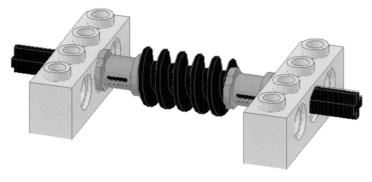

图 2-21　步骤一

（2）在突点梁的上下各用两块板加固（图 2 - 22）。

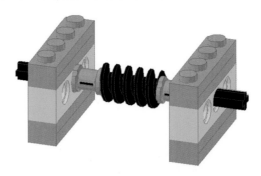

图 2 - 22　步骤二

（3）横向上下各用一个突点梁连接（图 2 - 23）。

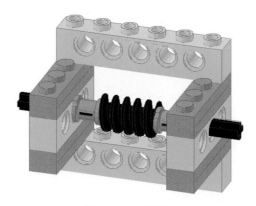

图 2 - 23　步骤三

（4）用轴和轴套把齿轮固定在突点梁上，注意两个齿轮和蜗杆的咬合要紧密（图 2 - 24）。

图 2 - 24　步骤四

（5）四边用突点梁固定，保持齿轮不会晃动（图 2-25）。

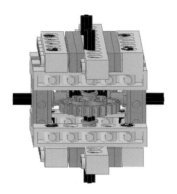

图 2-25 步骤五

（6）在外部安装四组齿轮，每组齿轮一小一大（图 2-26）。

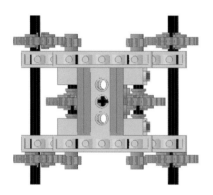

图 2-26 步骤六

（7）在靠外的 4 个大齿轮的同轴上分别安装角度梁。注意角度梁的方向（图 2-27）。

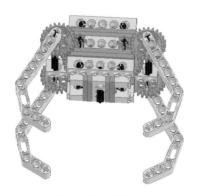

图 2-26 步骤七

想一想

1. 我们制作的这个抓手有几级齿轮传动？我们转动哪里可以实现抓手的合并与张开？

2. 在这个抓手中蜗杆起了什么作用？蜗杆一般可以用在什么场合呢？

 小知识

齿轮传动类型分为圆柱齿轮传动、锥齿轮传动、双曲面齿轮传动、螺旋齿轮传动、蜗杆传动、圆弧齿轮传动、摆线齿轮传动和行星齿轮传动。

 拓　展

1. 制作一个加速或者减速的风扇。

2. 制作一个可以直上直下运动并且有一个关节实现180°范围转动的手臂。

 阅览室 ▮▮▮▶

齿轮的组成结构

齿轮一般由轮齿、齿槽、端面、法面、齿顶圆、齿根圆、基圆、分度圆组成。

轮齿简称齿，是齿轮上每一个用于啮合的凸起部分，这些凸起部分一般呈辐射状排列，配对齿轮上的轮齿互相接触，可使齿轮持续啮合运转；齿槽是齿轮上两相邻轮齿之间的空间；端面是圆柱齿轮或圆柱蜗杆上，垂直于齿轮或蜗杆轴线的平面；法面指的是垂直于轮齿齿线的平面；齿顶圆是指齿顶端所在的圆；齿根圆是指槽底所在的圆；基圆是形成渐开线的发生线作纯滚动的圆；分度圆是在端面内计算齿轮几何尺寸的基准圆。

齿轮可按齿形、齿轮外形、齿线形状、轮齿所在的表面和制造方法等分类。

齿轮的齿形包括齿廓曲线、压力角、齿高和变位。渐开线齿轮比较容易制造，因此现代使用的齿轮中，渐开线齿轮占绝对多数，而摆线齿轮和圆弧齿轮应用较少。

　　齿轮的制造材料和热处理过程对齿轮的承载能力和尺寸重量有很大的影响。20 世纪 50 年代前，齿轮多用碳钢，60 年代改用合金钢，而 70 年代多用表面硬化钢。按硬度，齿面可区分为软齿面和硬齿面两种。

2.2.2　连杆传动

　　机器人连杆是机械连杆机构中两端分别与主动和从动构件铰接以传递动力和力的杆件。连杆机构构件运动形式多样，如可实现转动、摆动、移动和平面或空间复杂运动等，从而可用于实现已知运动规律和已知轨迹。连杆传动装置与杠杆原理和动力学有关。

　　1. 杠杆

　　在生产和生活中，人类需要利用一些机械来帮助我们有效、轻松地工作。杠杆就是一种简单机械，在古代我们修建长城、建筑物，杠杆在其中起到了很大的作用。我们生活有很多杠杆运用的实例，如图 2-28 所示。

　　(a)　　　　　　　　　　(b)　　　　　　　　　　(c)

图 2-28　杠杆运用的实例

讨　论

　　在图 2-28 的三个示例中，杠杆分别起到了怎样的作用？

　　2. 杠杆的定义及原理

　　在力的作用下如果能绕着一个固定点转动的硬棒就叫杠杆。在生活中根据需要，杠杆可以做成直的，也可以做成弯的。杠杆绕着转动的固定点叫作支点；杠杆绕支点转动的力叫作动力；阻碍杠杆绕支点转动的力叫作阻力；从支点到动力作用线的距离叫作动力臂；从支点到阻力作用线的距离叫作阻力臂。

如图 2-29 所示，杠杆平衡的条件：动力×动力臂＝阻力×阻力臂。

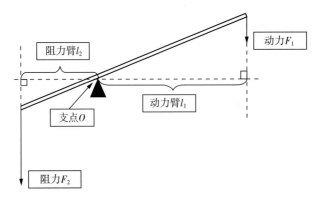

图 2-29　杠杆平衡的条件

讨　论

我们身边有哪些是费力杠杆，哪些是省力杠杆？

3. 生活中的杠杆

杠杆是一种简单机械。一根结实的棍子（最好不会弯又非常轻），就能当作一根杠杆了。杠杆平衡在实际应用中非常广泛！

费力杠杆有剪刀、钉锤、拔钉器……杠杆可能省力可能费力，也可能既不省力也不费力，这要看力点和支点的距离：力点离支点愈远则愈省力，愈近就愈费力；还要看重点（阻力点）和支点的距离：重点离支点越近则越省力，越远就越费力；如果重点、力点距离支点一样远，如定滑轮和天平，就不省力也不费力，只是改变了用力的方向。

杠杆的分类

一类：支点在动力点和阻力点的中间，称为第一类杠杆。既可能是省力的，也可能是费力的，主要由支点的位置决定，或者说由臂的长度决定。例如：跷跷板、剪刀、船桨、（运煤气罐等重物的）手推车、鞋拔子、塔吊、撬钉扳手等。

二类：阻力点在动力点和支点中间，称为第二类杠杆。由于动力臂总是大于阻力臂，所以它是省力杠杆。例如：坚果夹子、门、订书机、跳水板、扳手、开（啤酒）瓶器、（运水泥的）手推车等。

三类：动力点在支点和阻力点之间，称为第三类杠杆。它的特点是动力臂比阻力臂短，所以这类杠杆是费力杠杆，然而能够节省距离。例如：镊子、手臂、鱼竿、皮划艇的桨、下颚、锹、扫帚、球棍等，以一手为支点、一手为动力的器械。

阅览室 ▮▮▮▶

杠杆原理

古希腊科学家阿基米德有这样一句流传千古的名言："给我一个支点，我就能撬起地球！"这句话有着严格的科学根据。

阿基米德在《论平面图形的平衡》一书中最早提出了杠杆原理。他首先把杠杆实际应用中的一些经验知识当作"不证自明的公理"，然后从这些公理出发，运用几何学通过严密的逻辑论证，得出了杠杆原理。这些公理是：①在无重量的杆的两端离支点相等的距离处挂上相等的重量，它们将平衡。②在无重量的杆的两端离支点相等的距离处挂上不相等的重量，重的一端将下倾。③在无重量的杆的两端离支点不相等距离处挂上相等重量，距离远的一端将下倾。④一个重物的作用可以用几个均匀分布的重物的作用来代替，只要重心的位置保持不变；相反，几个均匀分布的重物可以用一个悬挂在它们的重心处的重物来代替。⑤相似图形的重心以相似的方式分布……

正是从这些公理出发，在"重心"理论的基础上，阿基米德发现了杠杆原理，即"二重物平衡时，它们离支点的距离与重量成反比"。阿基米德对杠杆的研究不仅仅停留在理论方面，而且据此原理还进行了一系列的发明创造。据说，他曾经借助杠杆和滑轮组，使停放在沙滩上的桅船顺利下水，在保卫叙拉古免受罗马海军袭击的战斗中，阿基米德利用杠杆原理制造了远、近距离的投石器，利用它射出各种飞弹和巨石攻击敌人，曾把罗马人阻于叙拉古城外达 3 年之久。

4.连杆传动

连杆传动在机器人主体各部分被广泛使用，主要实现直线延展、伸缩、横向移动、回转运动、俯仰运动等。

（1）常见的连杆传动形式

在机器人手臂部、底座、机身、行走机构中连杆是必不可少的部分，并且可以是各种各样的结构。如图2-30所示，连杆传动有以下的一些形式：

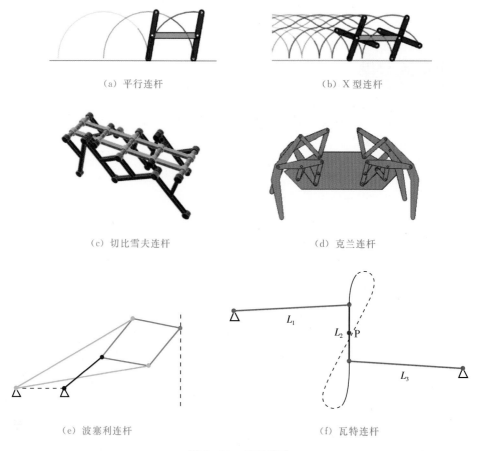

(a) 平行连杆　　　　　　　　　　　(b) X型连杆

(c) 切比雪夫连杆　　　　　　　　　(d) 克兰连杆

(e) 波塞利连杆　　　　　　　　　　(f) 瓦特连杆

图2-30　连杆传动

（2）连杆传动的特点

① 连杆主要以面接触，承载大、便于润滑、不易磨损、形状简单、易加工、容易获得较高的制造精度；

② 通过改变杆的相对长度，可以得到从动件不同的运动规律；

③ 两构件之间的接触是靠本身的几何封闭来维系的；

④ 连杆曲线丰富，可满足不同要求。

 评一评

参照下面的评价标准，对自己本节课的收获进行评价。

评 价 标 准	评 判 等 级
了解齿轮的作用和原理吗？	
会根据不同的情况选择不同的齿轮比吗？	
学会利用齿轮这种特殊结构搭建机器人部件	
了解杠杆的原理，会分辨费力杠杆和省力杠杆	
了解连杆传动的作用和特点	
总　评	☆☆☆☆☆

2.3 机器人的动力输出

在人类的发展历程中，四肢起到了重要作用，我们用手抓东西，用脚行走。那么在机器人制作中，我们用什么实现这些四肢的功能呢？在这些功能的实现过程中，核心部件就是电机。本节我们就进入电机的世界。

2.3.1 直流电机

1. 直流电机组成

机器人用的齿轮箱直流电机，是机器人主要的动力机构。如图 2-31 所示，直流电机是把电能转换成机械能的一种设备。它是利用通电线圈在磁场中受到磁场力矩的作用后会发生转动的原理制造的。直流电机主要由直流电机、齿轮箱及输出轴组成，转速高、扭力小。直流电机由机器人主机控制其正反、快慢运转，经由齿轮箱减速后（为增加扭矩和便于控制）由输出轴输出动力带动轮毂、轮胎转动，完成各种所需动作。

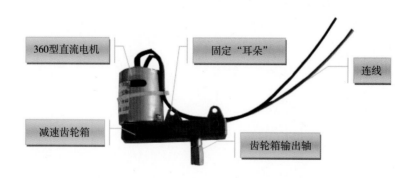

图 2-31 常用"Z"型直流电机

2. 直流电机的工作原理

如图 2-32 所示是直流电机工作原理，N 和 S 是一对固定的磁极，它们可以是电磁铁，也可以是永磁铁。磁极之间有一个可以转动的铁质圆柱体，称为电枢铁芯。铁芯表面安装有用漆包线（铜导线表面浸刷绝缘漆）绕成的电枢线圈 abcd，线圈的两端分别接到相互绝缘的两个半圆形铜片（换向片）上，它们组合在一起称为换向器。在每个半圆形铜片上分别放置一个固定不动而并与之滑动接触的电刷 A、B。借助于换向器，可以使直流电机电枢线圈中流过的电流方向是交变的，而电枢线圈产生的电磁转矩的方向是恒定不变的，这样可以确保直流电机朝一个方向连续旋转。

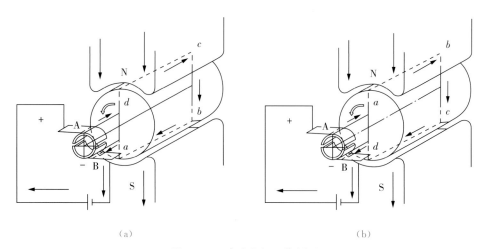

（a）　　　　　　　　　　　　（b）

图 2-32　直流电机工作原理

实际应用中的直流电动机，它的电枢并非单一线圈，磁极也并非只有一对，而是在电枢圆周上均匀地嵌布许多线圈，换向器也是由许多换向片组成，这样可使电枢线圈所产生的总的电磁转矩足够大并且比较均匀，电机的转速也就比较均匀。

拆开实验室废旧的直流电机，观察内部结构，找到减速电机、齿轮箱、换向片、线圈。观察完毕，装好电机。

3. 直流电机的技术参数

直流电机的技术参数主要包括：额定电压、额定空载电流等，"Z"型直流电机技术参数见表 2-1 所列。

表 2-1 "Z"型直流电机技术参数

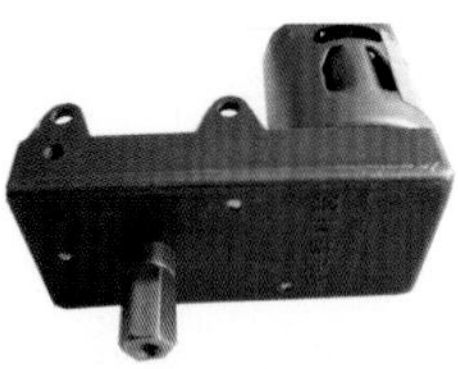

前示图	左示图
	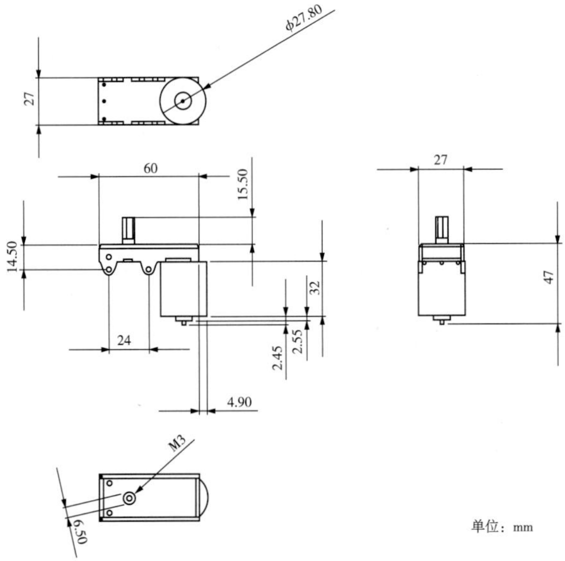

右示图	尺寸图

技术参数			
额定电压	DC 12V	额定空载电流	≤300mA
额定空载电流	≤8A	输出轴旋向	CW/CCW
输出转速	500±10r/min	扭矩	8kg·cm（12V）
减速方式	齿轮变速	重量	130g
材料	金属	线长	20cm

4. 无刷直流电机

如图 2-33 所示的无刷直流电机是较为新型的电机。无刷直流电机的优势体现在两方面：第一是采用了坚固、体积小、低成本的永磁体；第二是使用体积小、效率高的电子开关来切换流向绕组的电流。"电子换向"取代了有刷电机的机械换向来控制磁场的切换，周围固定的切换线圈与旋转芯上的磁铁间的相互作用取代了有刷电机的机械换向，即利用了磁场与电场之间的相互作用。它具有无级调速、过载能力强、噪声小、无须维护、寿命长等优点，被广泛应用于汽车、工具加工、工业控制、自动化以及航空航天等领域。

图 2 - 33　无刷直流电机

2.3.2　伺服电机

1. 伺服电机简介

制造一个机器人并不难于制造一个模型车，而且你会从中感受到另一种乐趣，开阔你的视野，启发你的灵感。

如图 2 - 34 所示的伺服电机是工业机器人的动力系统，是一种角度伺服的驱动器，一般安装于机器人的关节处，是机器人运动的心脏。它通常又可细分为两个部分，一为马达本体，二为运动控制系统。以

图 2 - 34　伺服电机

下简单介绍制造个人机器人中最常用的智能部件——微型伺服电机的工作原理和控制方法。

微型的伺服电机在无线电业余爱好者的航模活动中使用已有很长一段历史，而且应用最为广泛，国内亦称之为"舵机"，含义为："掌舵人操纵的机器"。可见，微型伺服电机是主要用作运动方向的控制部件。伺服电机本质上是可定位的电机。当伺服电机接收到一个位置指令，它就会运动到指定的位置。因此，个人机器人模型中也常用到它作为可控的运动关节，即自由度。

微型伺服电机有着如下的优点：大扭力、控制简单、装配灵活、相对经济。但是，它亦有着先天的不足：首先，它是一个精细的机械部件，超出它承受范围的外力会导致其损坏；其次，它内藏电子控制线路，不正确的电子连接也会对它造成损毁。因此，很有必要在使用前先了解伺服电机的工作原理，以免造成不必要的损失。

2. 伺服电机内部结构

如图 2-35 所示是伺服马达内部图，包括了一个小型直流电机、一组变速齿轮组、一个反馈可调电位器，及一块电子控制板。其中，高速转动的直流电机提供了原始动力，带动变速（减速）齿轮组，使之产生高扭力的输出。齿轮组的变速比越大，伺服电机的输出扭力也越大，也就是说越能承受更大的重量，但转动的速度也愈低。

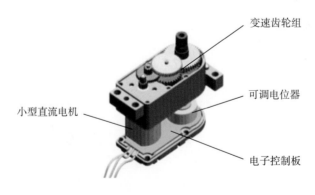

图 2-35　伺服马达内部图

拆开实验室废旧的伺服电机，观察内部结构。

3. 微型伺服电机的工作原理

一个微型伺服电机是一个典型闭环反馈系统，其原理如图 2 - 36 表示：

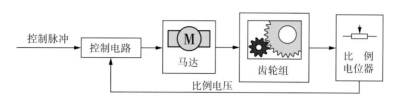

图 2 - 36　微型伺服电机工作原理

减速齿轮组由电机驱动，其终端（输出端）带动一个线性的比例电位器作位置检测，该电位器把转角坐标转换为一比例电压反馈给控制线路板。控制线路板将其与输入的控制脉冲信号比较，产生纠正脉冲，并驱动电机正向或反向地转动，使齿轮组的输出位置与期望值相符，令纠正脉冲趋于 0，从而达到使伺服电机精确定位的目的。

4. 如何控制伺服电机

标准的微型伺服电机有三条控制线，分别为：电源、地及控制。电源线与地线用于提供内部的直流电机及控制线路所需的能源，电压通常介于 4～6V 之间，该电源应尽可能与处理系统的电源隔离（因为伺服电机会产生噪音）。甚至小伺服电机在重负载时也会拉低放大器的电压，所以整个系统的电源供应的比例必须合理。表 2 - 2 为一个典型的 20ms 周期性脉冲的正脉冲宽度与微型伺服电机的输出臂位置的关系：

表 2 - 2　输入正脉冲宽度与输出臂位置关系

输入正脉冲宽度（周期为 20mm）	伺服马达输出臂位置
0.5ms	≈ −90°
1.0ms	≈ −45°
1.5ms	≈ 0°

（续表）

输入正脉冲宽度（周期为20mm）	伺服马达输出臂位置
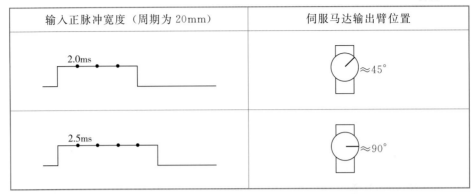	≈45°
2.5ms	≈90°

如图 2-37 所示，伺服电机三条引线中红色的是控制线，接到控制芯片上。中间的是 SERVO 工作电源线，一般工作电源是 5～6V。第三条是地线。

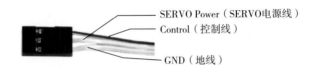

图 2-37　伺服电机电源引线

5. 伺服电机的运动速度

伺服电机的瞬时运动速度是由其内部的直流电机和变速齿轮组的配合决定的，在恒定的电压驱动下，其数值唯一。但其平均运动速度可通过分段停顿的控制方式来改变。例如，我们可把动作幅度为 90°的转动细分为 128 个停顿点，通过控制每个停顿点的时间长短来实现 0°～90°变化的平均速度。对于多数伺服电机来说，速度的单位由"度数/秒"来决定。

6. 使用伺服电机的注意事项

普通的模拟微型伺服电机不是一个精确的定位器件，即使是使用同一品牌型号的微型伺服电机产品，它们之间的差别也是非常大的。在同一脉冲驱动时，不同的伺服电机存在±10°的偏差也是正常的。

正因上述原因，不推荐使用小于 1ms 及大于 2ms 的脉冲作为驱动信号。实际上，伺服电机的最初设计表也只是在±45°的范围。而且，超出此范围时，脉冲宽度转动角度之间的线性关系也会变差。

想一想

直流电机与伺服电机有哪些区别？各有什么优势？

 评一评

参照下面的评价标准，对自己本节课的收获进行评价。

评 价 标 准	评 判 等 级
了解直流电机的特点和工作原理	
了解伺服电机的特点和工作原理	
总　评	☆ ☆ ☆ ☆ ☆

第3章

机器人的控制器

电脑机器人的神奇源于它独特的结构和工作原理。机器人之所以能够根据外界环境的变化做出不同的反应，除了拥有功能强大的"大脑"——控制软件外，还必须像人一样能感知外部世界的变化，并做出相应的动作。

本章我们将学习机器人的控制、传感和驱动三大系统。

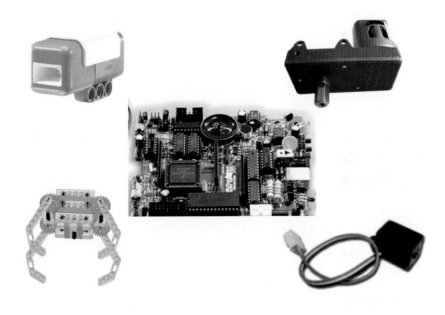

3.1　几种常见的开发板

机器人控制模块（RCU）可比作机器人的"大脑"，机器人要实现各种功能都是靠它来指挥。"大脑"的初期是完全空白的，像初生的婴儿一样，需要我们用学到的编程知识教它。这样机器人才能对外界的复杂环境进行观察和思考，然后做出相应的反应，完成各种动作！

目前，中小学生设计机器人使用到的主流和典型的主控平台，主要有 Micro：Bit、Arduino、树莓派这几种（前两者简单易于上手，后者支持更多复杂应用）。本书循序渐进地介绍这几款机器人主控搭载平台的原理及实际应用，适合对机器人感兴趣的初学者入门使用。

3.1.1　Arduino 开发板

Arduino 是一块单板的微控制器和一整套的开发软件。它是一个能够用来感应和控制现实物理世界的一套工具。它的硬件包含一个以 Atmel AVR 单片机为核心的开发板和其他各种 I/O 板。软件包括一个标准编程语言开发环境和在开发板上运行的烧录程序。Arduino 是一款灵活便捷、易于上手的开源电子创作平台，典型常用的控制板有 Arduino UNO、Arduino Mega、Arduino Leonardo 等。本书主要以 Arduino UNO 为例介绍它们在机器人中的应用。

1. Arduino UNO 主控板

如图 3 - 1 所示的 Arduino UNO 主控板是 Arduino 开发最常用的开发板，是一款基于 ATmega328 的微控制器板。它有 14 个数字输入/输出引脚（其中 6 个可用作 PWM 输出，数字前面标识为～）、6 个模拟输入、1 个 16MHz 陶瓷谐振器、1 个 USB 连接、一个电源接口、一个 ICSP 头和 1 个复位按钮。它包含支持微控制器所需要的一切，只需要通过 USB 连接线将其连至计算机或者通过 AC - DC 适配器或电池为其供电即可工作。

2. Arduino IDE

Arduino IDE（集成开发环境）是针对 Arduino 硬件进行编程的工具。Arduino 不仅在硬件上使用 USB 上传程序，而且在软件中提供了丰富的库加

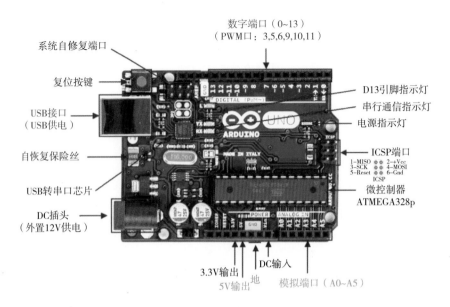

图 3－1　Arduino UNO 主控板

以支持，这使得 Arduino 的门槛非常低，并且程序采用完全开源的形式供爱好者们交流使用，因此使用它进行创作的人越来越多。

如图 3－2 所示的 Arduino IDE 的编程环境非常简单，是基于 ARV C 的编程语言，并且将程序抽象为 setup（）和 loop（）两部分，程序先执行一次

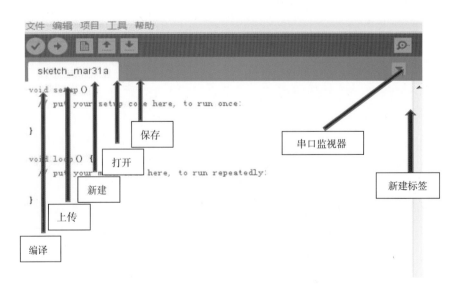

图 3－2　Arduino IDE 界面

setup 函数，它通常负责初始化等工作，随后程序不断地执行 loop 函数。

Arduino IDE 界面的工具栏，从左至右依次为"编译""上传""新建""打开""保存""串口监视器""新建标签"等按钮。Arduino 开发板和运行 Arduino IDE 的 PC 端通过 USB 线连接。

3. Arduino 扩展板

如图 3-3 所示的 Arduino 扩展板是一个扩展电路板。它通过堆叠插接在 Arduino 主板上，实现功能的扩展。通常扩展板上的引脚与 Arduino 主板相连，所以 DC 电源、数字 I/O、模拟 I/O 等都可以提供给扩展板。

扩展板相较于面包板来说，可以一定程度地简化电路搭建过程，更快速地搭建项目。Arduino 的扩展板种类繁多，最常用的是传感器扩展板。

图 3-3　Arduino 扩展板

DFRobot Arduino V7 传感器扩展板就是其中之一，它具有如下特性：

（1）把 Arduino 的端口扩展成 3P 接口，直插 3P 传感器模块，有 14 个数字口、6 个模拟口。

（2）中部直插 Xbee 封装的蓝牙、Wi-fi 和 Xbee 通信模块。旁边设置了普通蓝牙模块、APC 和 SD 卡的扩展接口。

（3）外部电源扩展，为 Arduino 提供长久续航。扩展板角落接线柱为主控制器和扩展板供电，中部接线柱为数字口上的舵机供电。

（4）跳线切换 5V 与 3.3V 供电，兼容更多的 3.3V 的元器件。

（5）添加 1 个 I2C 接口和 1 个 3.3V 电源输出。

3.1.2 Micro：Bit

1. Micro：Bit 简介

如图 3-4 所示的 Micro：Bit 是一款由英国 BBC 设计的 ARM 架构的单片机。它是针对青少年学习编程而设计的一款学习工具。因此，它设计得小巧而有趣，同时兼具强大的功能。你可以利用 Micro：bit 实现很多酷炫的小发明。

Micro：Bit 小巧的板身上自带板载蓝牙，加速度计，电子罗盘三个按钮，5×5LED 点阵等传感器，即使不搭载其他传感器也能创造很多有趣交互的项目。

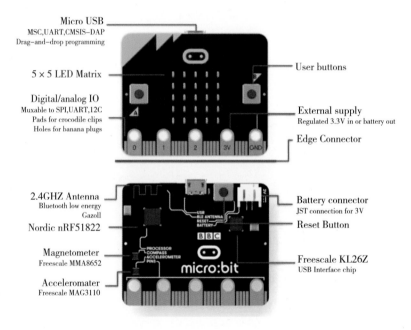

图 3-4　Micro：Bit

Micro：Bit 主要硬件参数：

（1）Nordic nRF51822 低功耗蓝牙芯片：16MHz ARM Cortex - M0，256KB Flash、16KB RAM。

（2）NXP KL26Z 微控制器：48MHz ARM Cortex - M0＋，支持 USB2.0 OTG。

（3）NXP MMA8653 三轴加速度计。

（4）NXP MAG3110 三轴磁力计。

（5）25 个红色 LED 组成 5×5 矩阵。

（6）3 个机械按键，包括 2 个用户按键、1 个复位键。

（7）MicroUSB 供电/数据接口和电池接口。

（8）23pin 信号接口，包括 SPI、PWM、I2C 以及最多支持 17 个 GPIO。

Micro：bit 可以通过鳄鱼夹与各种电子元件互动，支持读取传感器数据，控制舵机与 RGB 灯带，因此能够轻松胜任各种编程相关的教学与开发场景。此外，Micro：bit 也可以用于编写电子游戏、声光互动、机器人控制、科学实验、可穿戴装置开发等，非常适合中小学生使用。

2. Micro：Bit 编程

如图 3 - 5 所示，针对不同年龄段的使用者特点，Micro：bit 使用了图形化编程与代码编写相结合的方式，在小学或入门阶段使用 MakeCode 等图形化编程，在中学阶段学生可使用 MicroPython 或者 Javascript 语言为主要开发工具，更进一步可以使用 C/C＋＋编程。全部的开发过程都可通过网络完成，无须安装任何软件。

MakeCode 使用了 Google 的 Blockly 内核，和 Scratch 非常相像，都是图形化编程。在编程过程中，它们就像搭乐高积木一样将程序图标一个个有机地组合起来，逐步建立程序结构，实现自己的设计思路，从而完成创意过程。

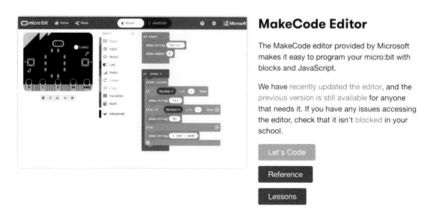

图 3 - 5　Micro：Bit 编程界面

3.1.3　树莓派

1. 树莓派简介

如图 3 - 6 所示的树莓派（Raspberry Pi）是为学生计算机编程教育而设

计的，鼓励计算机爱好者动手开发相关的软硬件应用，是只有卡片大小的微型计算机。树莓派相较于其他控制板来说，可谓"麻雀虽小，五脏俱全"。它是一款基于 ARM 的微型计算机主板，以 SD/Micro SD 卡为内存硬盘，卡片主板周围有 1/2/4 个 USB 接口和一个 10/100 以太网接口（A 型没有网口），可连接键盘、鼠标和网线；同时拥有视频模拟信号的电视输出接口和 HDMI高清视频输出接口。以上部件全部整合在一张卡片大小的主板上。

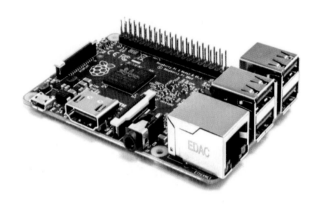

图 3-6　树莓派

如图 3-7 所示的 Raspberry Pi 是一个开放源代码特色的计算机主板，其完全开放的社区运作，对软硬件开发爱好者们非常友好。Raspberry Pi 从发布至今已经经历很多版本，以 Raspberry Pi 3 控制器为例，它的参数如下：

（1）CPU 1.2GHz 四核，Broadcom BCM2837 芯片组，64 位 ARMv8 处理器。

（2）Wi-Fi 功能：板载 BCM43143 Wi-Fi。

（3）蓝牙功能：板载低功耗蓝牙（BLE）。

（4）内存：1GB RAM。

（5）4 个 USB 2.0 端口。

（6）40 引脚扩展 GPIO。

（7）HDMI 和 RCA 视频输出。

（8）4 路立体声输出和复合视频端口。

（9）全尺寸 HDMI。

（10）CSI 照相机端口，用于连接树莓派照相机。

（11）DSI 显示端口，用于连接树莓派触屏显示器。

（12）微型 SD 端口，用于下载操作系统及存储数据。

（13）升级的微型 USB 电源，高达 2.5A。

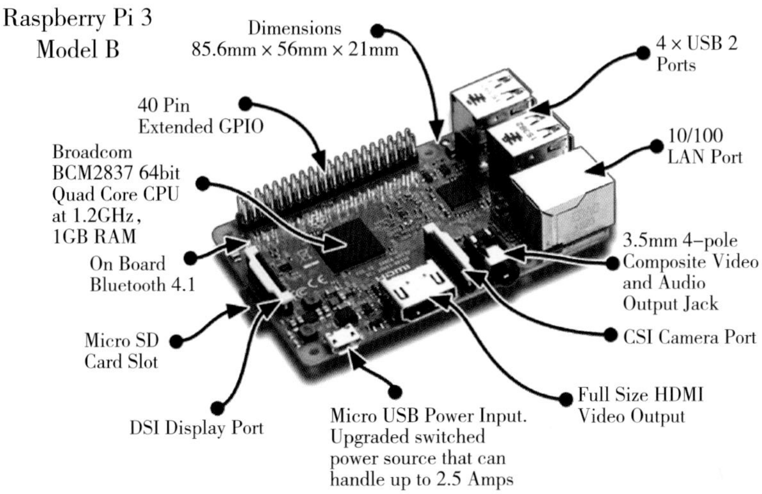

Raspberry Pi 3
Model B

Dimensions
85.6mm × 56mm × 21mm

4 × USB 2
Ports

40 Pin
Extended GPIO

10/100
LAN Port

Broadcom
BCM2837 64bit
Quad Core CPU
at 1.2GHz，
1GB RAM

On Board
Bluetooth 4.1

3.5mm 4-pole
Composite Video
and Audio
Output Jack

CSI Camera Port

Micro SD
Card Slot

DSI Display Port

Micro USB Power Input.
Upgraded switched
power source that can
handle up to 2.5 Amps

Full Size HDMI
Video Output

图 3 - 7　Raspberry Pi

2. 对树莓派的编程

（1）使用 Scratch 编程

如图 3 - 8 所示的 Scratch 是一款由麻省理工学院（MIT）设计开发的图形化编程工具。其特点是：使用者可以不认识英文单词，也可以不会使用键盘，只要能理解程序运行的逻辑，通过鼠标拖动构成程序的命令和参数模块到编辑栏即可实现。在树莓派的系统中已经集成了 Scratch 环境。它极易上手，非常适合初学者。

图 3 - 8　Scratch 编程界面

（2）使用 Python 编程

Python 是一种简单易学、功能强大的编程语言。它有高效率的高层数据结构，简单而有效地实现编程。Python 简洁的语法和对动态输入的支持，再加上解释性语言的本质，使得它在大多数平台上的许多领域都是一个理想的脚本语言，特别适用于快速地应用程序开发。目前高中新课改教材中也引入了 Python 语言的学习和应用。

要想用 Python 给树莓派编程，首先要安装 Python。下载文件 Python-3.6.4.exe，并运行该文件，开始安装，如图 3-9 所示。

图 3-9　Python 安装界面

如图 3-10 所示，安装完成之后，在"开始"菜单，找到 Python 的 IDLE 菜单，通常会有 Python 2 和 Python 3 两个版本的 IDLE，双击其中之一，启动 Python Shell，即可编辑、调试、运行 Python 代码。

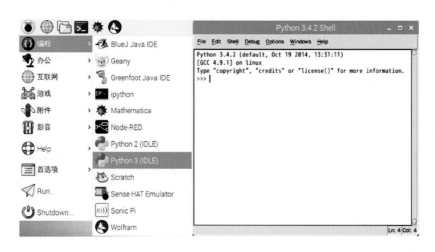

图 3-10　Python 编程界面

3.1.4　几种开发板的比较

无论是 Arduino UNO、Micro：Bit 还是树莓派，它们都是开源的硬件，给非专业的电子爱好者们提供了很好的平台。但是它们之间的差异还是很明显的，下面对文中提及的三款开发板进行一个比较，见表 3 - 1 所列。

表 3 - 1　三款开发板的比较

	Arduino UNO	Micro：Bit	树莓派
入门难易程度	☆☆☆☆有一些电子知识基础和编程知识	☆☆☆适合零基础，小学生入门	☆☆☆☆☆需要兼具电子知识基础和编程知识
实用度	☆☆☆☆☆通过软硬件结合，能基本实现自己的想法，交互性较强	☆☆☆☆适合简单的教学场景，自带 5×5 LED 点阵是亮点，趣味性比较强	☆☆☆☆☆基本相当于一台 mini 的 PC 主机，功能性非常强
扩展	☆☆☆☆扩展性较强	☆☆自带几个常用的传感器，扩展性稍差	☆☆☆☆☆扩展性很强

做 一 做

观察各种不同的主控器，认识各个端口。

（1）程序下载端口：在机器人上的位置、用途和使用方式。

（2）直流电机连接端口：在机器人扩展板上的位置及对应的序号。

（3）伺服电机连接端口：在机器人扩展板上的位置及对应的序号。

（4）AD 信号端口：在机器人扩展板上的位置及对应的序号。

（5）IO 端口：在机器人扩展板上的位置及对应的序号。

（6）电源连接端口：机器人上的位置和连接方式。

（7）在机器人扩展板上的红外传感器对应的序号以及连接关系。

（8）机器人上的一些跳线的功能，及其位置、连接关系。

3.2 V5 主控器

VEX EDR 机器人系列推出了全新的 V5，功能强大，可用于课堂教学和 VEX 机器人竞赛。V5 主控器自带彩色触控屏，有 21 个智能端口，可以连接各种智能设备，包括电机、传感器，还可支持 16 GB 内存卡扩展。此外还新增视觉传感器，可以识别不同颜色的目标物。

3.2.1 V5 主控器简介

如图 3-11 所示的 V5 主控器（V5 Brain）采用彩色触摸屏幕，可以通过触摸进行操作，有 4.25 英寸大小，显示有关机器人本身的信息、程序读取、程序运行、控制及读取链接在主控器上的所有设备信息。它搭载了 Cortex A9 处理器，与现场可编程门阵列（Field Programmable Gate Array，简称 FPGA）框架相互结合使用，处理速度相比前一代产品快 15 倍。FPGA 与所有智能端口设备配合使用，用于控制屏幕。该主控器还扩大了存储空间，可以存储多达 8 个用户程序。V5 主控器也提供了有多种语言供用户使用。除了英语外，用户可以在主控器选择界面中自行选择需要使用的其他 12 种语言中的任何一种。

图 3-11 V5 主控器结构

主控器上有 21 个智能接口，用于电机、传感器以及无线电模块的连接。

开启主控器：按下主控器开关按钮。

关闭主控器：长按 3 秒主控器开关按钮。

屏幕显示：屏幕上显示遥控器、设备信息、设置，以及其他下载到主控器上的程序文件。在主控器的右上角还显示有遥控器是否连接及遥控器的电量，无线电是否连接，以及电池电量。

V5 控制器与设备的连接

步骤 1：将 V5 智能电缆连接到设备。

将 V5 智能电缆的末端推入设备的电缆端口，直到听到咔哒声。如图 3 - 12 所示为 V5 智能电机与主控的连接图。

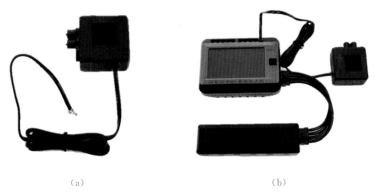

（a）　　　　　　　　　　　　　　　（b）

图 3 - 12　电机和主控连接

步骤 2：开启主控器电源后，在 V5 Robot Brain 的主屏幕上按"设备"图标，检查"设备信息"以查看新设备的添加情况，如图 3 - 13 所示。

（a）　　　　　　　　　　　　　　　（b）

图 3 - 13　设备信息

3.2.2　编码界面

1. V5 控制器查看程序

如图 3-14 所示，在主屏幕上，点击"用户"文件夹图标。在要运行的用户文件夹中，点击程序即可开启。在此示例中，我们在用户文件夹中选择了 Greetings 程序。

（a）　　　　　　　　　　　　　　　　（b）

图 3-14　程序查看

2. V5 控制器执行遥控驱动程序

通过点击屏幕左上角的"Drive"图标打开"驱动器"界面。点击"Run"按钮执行遥控驱动程序。

我们也可以点击停止以停止程序并监测运行时间，或者点击设备图标以查看已连接端口和读数。

 拓　展

1. 利用 V5 主控器了解构建好的机器人马达特点。
2. 利用 V5 主控器执行遥控器程序。

 评一评

参照下面的评价标准，对自己本节课的收获进行评价。

评价标准	评判等级
了解 V5 控制器的功能吗？	
了解 V5 控制器的结构特征吗？	

（续表）

评 价 标 准	评 判 等 级
会用 V5 控制器与相关设备连接吗？	
会用 V5 控制器查看程序和执行遥控驱动程序吗？	
了解三线端口和相应的设置吗？	
总　评	☆☆ ☆ ☆ ☆

3.3　EV3 控制器

LEGO Mindstorms EV3（乐高头脑风暴 EV3）于 2013 下半年上市。EV3 是 2013 年 LEGO 公司开发的第三代 MINDSTORMS 机器人，分为教育版和家庭版两种。EV3 最大特点是无须使用计算机就可进行编程：EV3 配备了一块"智能砖头"，用户可以使用它来对自己的机器人编辑各种指令，如图 3-15 所示。而在过去，使用者只能通过计算机来进行该操作。编程完成后，使用者还需要通过一根数据线将程序下载到机器人上。

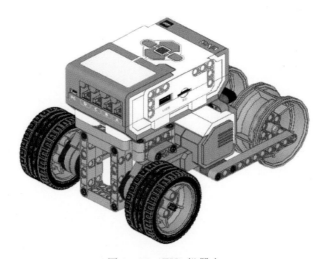

图 3-15　EV3 机器人

3.3.1　EV3 控制器简介

如图 3-16 所示，EV3 智能控制器是 LEGO MINDSTORMS Education EV3 机器人的心脏和大脑。它是可编程的控制器，拥有独特的 6 个按键界面，可通过颜色的改变指示程序块的活动状态，除此以外更配备有一块高分辨率的黑白显示屏、内置扬声器、USB 端口、1 个 mini SD 读卡器、4 个输入端口和 4 个输出端口。

该程序块还支持通过 USB、蓝牙和 Wi-Fi 与计算机进行通信，计算机端配备有可直接在程序块上进行编程和数据采集操作。该程序块与移动设备

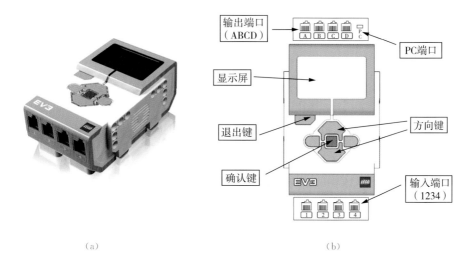

(a)　　　　　　　　　　　　　　(b)

图 3 - 16　EV3 智能控制器

兼容，可由 AA 电池或 EV3 DC 充电池进行供电。

处理器：ARM 9 处理器 300MHz 和基于 Linux 操作系统。

端口：4 个可用于数据获取的输入端口，1000/s 的采样率；4 个可用于执行命令的输出端口。

存储：内置 16MB 的 ROM 和 64MB 的 RAM，支持最高 32GB Micro SD 卡拓展。

按键：可发出 3 种颜色的 6 个按键，并且通过颜色指示程序块的活动状态。

屏幕：分辨率 178×128 像素高分辨率显示屏，能更好地查看详细图形和传感器数据。

通讯：USB 2.0 主机可使程序块以菊链的方式相互链接，Wi - Fi 通信；程序块内置编程和数据日志，可上传至 EV3 软件；通过机载 USB、外部 Wi - Fi 或蓝牙适配器进行计算机到程序块的通信。

电池：可使用 6 节 AA 电池，或者原装 2050mA·h 的锂电池。

扬声器：高品质扬声器。

重启：当主控死机时，可以通过同时长按确认键和退出键重启机器。

3.3.2　编码界面

1. 最近运行

如图 3 - 17 所示，在下载并运行程序以前，该屏幕将一直是白屏。该屏幕会显示最近运行的程序。列表顶部是默认选中的最近一次运行的程序。

图 3 - 17　最近运行

2. 文件导航

如图 3 - 18 所示，通过该屏幕可以访问并管理在 EV3 程序块上的所有文件，包括存储在 SD 卡上的文件。文件被组织在文件夹中，除了实际程序文件外，还包含各项目使用的声音和图像。

图 3 - 18　文件导航

3. 程序块应用程序

如图 3 - 19 所示，EV3 程序块带有 5 个预先安装的程序块应用程序（端口视图、电机控制、红外控制、程序块程序、程序块数据日志）。此外，可以在 EV3 软件中创建自己的应用程序。将其下载到 EV3 程序块后，自制的应用程序会在此处显示。

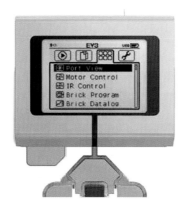

图 3 - 19　程序块应用程序

4. 设置

如图 3 - 20 所示，通过该屏幕，你可以查看并调整 EV3 程序块上的各种常规设置（音量、睡眠、蓝牙、Wi - Fi、程序块信息）。

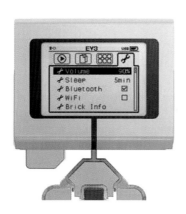

图 3 - 20　常规设置

 评一评

参照下面的评价标准，对自己本节课的收获进行评价。

评价标准	评判等级
了解 EV3 控制器的功能吗？	
了解 EV3 控制器的结构特征吗？	

（续表）

评 价 标 准	评 判 等 级
会用 EV3 控制器与相关设备连接吗？	
熟悉 EV3 控制器的控制界面吗？	
了解 EV3 智能控制器程序块状态灯对应的运行状态吗？	
总　评	☆☆　☆☆☆

第  章
机器人的传感器

前面我们已经对机器人有了基本了解，本章我们将亲自动手搭建一些简单的机器人，并通过给机器人编写程序，让机器人完成一些有趣的任务。

让我们一起动脑、动手，充分发挥自己的创造力和想象力吧！

4.1　常见的电子元器件

各种机器人主控器都是由电子线路、电子器件和芯片构成。为有助于我们对主控器的掌握，我们还应了解一些基本的电子元器件。

4.1.1　电阻

如图 4-1 所示的电阻在电路中用"R"加数字表示，如：R1 表示编号为 1 的电阻。电阻在电路中的主要作用为：分流、限流、分压、偏置等。

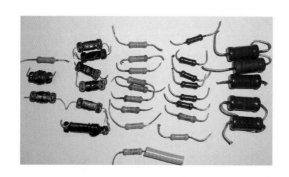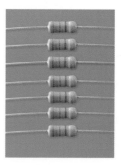

图 4-1　电阻

参数识别：电阻的单位为欧姆（Ω），倍率单位有：千欧（kΩ），兆欧（MΩ）等。换算方法是：1 兆欧＝1000 千欧＝1000000 欧。电阻的参数标注方法有 3 种，即直标法、色标法和数标法。

数标法主要用于贴片等小体积的电路，如 472 表示 47×100Ω（即 4.7K）；104 则表示 100K。

色环标注法使用最多，如四色环电阻、五色环电阻（精密电阻）等。电阻的色标位置和倍率关系见表 4-1 所列。

表 4-1　电阻的色标位置和倍率关系

颜色	有效数字	倍率	允许偏差（%）
银色	/	×0.01	±10
金色	/	×0.1	±5

（续表）

颜色	有效数字	倍率	允许偏差（%）
黑色	0	＋0	/
棕色	1	×10	±1
红色	2	×100	±2
橙色	3	×1000	/
黄色	4	×10000	/
绿色	5	×100000	±0.5
蓝色	6	×1000000	±0.2
紫色	7	×10000000	±0.1
灰色	8	×100000000	/
白色	9	×1000000000	/

4.1.2　电容

如图 4-2 所示的电容在电路中一般用"C"加数字表示（如 C13 表示编号为 13 的电容）。电容是由两片金属膜紧靠，中间用绝缘材料隔开而组成的元件。电容的特性主要是隔直流通交流。电容容量的大小就是表示能贮存电能的大小，电容对交流信号的阻碍作用称为容抗，它与交流信号的频率和电容量有关。

（a）　　　　　　　　　　　　　　　　（b）

图 4-2　电容

电容的识别方法：电容的识别方法与电阻的识别方法基本相同，分直标法、色标法和数标法 3 种。

电容的基本单位用法拉（F）表示，其他单位还有：毫法（mF）、微法（μF）、纳法（nF）、皮法（pF）。其中：1 法拉＝10^3 毫法＝10^6 微法＝10^9 纳法＝10^{12} 皮法。容量大的电容其容量值在电容上直接标明，如 10μF/16V。容量小的电容其容量值在电容上用字母表示或数字表示，字母表示法：$1m＝1000\mu$F，$1p2＝1.2$pF，$1n＝1000$pF。数字表示法：一般用三位数字表示容量大小，前两位表示有效数字，第三位数字是倍率。如：10^2 表示 10×10^2pF ＝1000pF，224 表示 22×10^4pF＝0.22μF。

4.1.3 晶体二极管

如图 4-3 所示的晶体二极管在电路中常用"D"加数字表示，如：D5 表示编号为 5 的二极管。

二极管的主要特性是单向导电性，也就是在正向电压的作用下，导通电阻很小；而在反向电压作用下导通电阻极大或无穷大。正因为二极管具有上述特性，常把它用在整流、隔离、稳压、极性保护、编码控制、调频调制和静噪等电路中。晶体二极管按作用可分为：整流二极管（如 1N4004）、隔离二极管（如 1N4148）、肖特基二极管（如 BAT 85）、发光二极管、稳压二极管等。

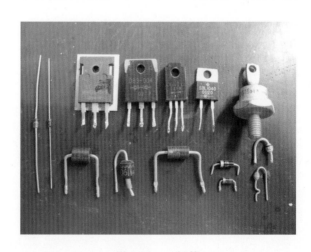

图 4-3　二极管

二极管的识别很简单，小功率二极管的 N 极（负极），在二极管外表大多采用一种色圈标出来，有些二极管也用二极管专用符号来表示 P 极（正极）或 N 极（负极），也有采用符号标志为"P""N"来确定二极管极性的。发光二极管的正负极可从引脚长短来识别，长脚为正，短脚为负。

4.1.4　稳压二极管

如图 4-4 所示的稳压二极管（简称"稳压管"）在电路中常用"ZD"加数字表示，如：ZD5 表示编号为 5 的稳压管。

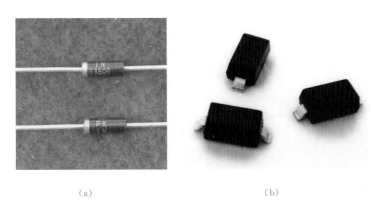

(a)　　　　　　　　　　　　　　(b)

图 4-4　稳压管

稳压二极管的稳压原理：稳压二极管的特点就是击穿后，其两端的电压基本保持不变。这样，当把稳压管接入电路以后，若由于电源电压发生波动，或其他原因造成电路中各点电压变动时，负载两端的电压将基本保持不变。

4.1.5　电感

如图 4-5 所示的电感在电路中常用"L"加数字表示，如：L6 表示编号为 6 的电感。电感线圈是将绝缘的导线在绝缘的骨架上绕一定的圈数制成。直流可通过线圈，直流电阻就是导线本身的电阻，压降很小；当交流信号通

(a)　　　　　　　　　　　　　　(b)

图 4-5　电感

过线圈时，线圈两端将会产生自感电动势，自感电动势的方向与外加电压的方向相反，阻碍交流的通过，所以电感的特性是通直流阻交流，频率越高，线圈阻抗越大。电感在电路中可与电容组成振荡电路。

电感一般有直标法和色标法，色标法与电阻类似。如：棕、黑、金，金表示 $1\mu H$（误差 5%）的电感。电感的基本单位为亨（H），换算单位有 $1H=10^3 mH=10^6 \mu H$。

4.1.6 晶体三极管

如图 4-6 所示的晶体三极管在电路中常用 "Q" 加数字表示，如：Q17表示编号为 17 的三极管。晶体三极管（简称三极管）是内部含有两个 PN 结，并且具有放大能力的特殊器件。它分 NPN 型和 PNP 型两种类型，这两种类型的三极管从工作特性上可互相弥补，所谓 OTL 电路中的对管就是由 PNP型和 NPN 型配对使用。电话机中常用的 PNP 型三极管有 A92、9015 等型号；NPN 型三极管有 A42、9014、9018、9013、9012 等型号。

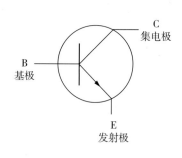

（a）　　　　　　　　　　　　　　　　（b）

图 4-6　晶体三极管

晶体三极管主要用于放大电路中起放大作用，在常见电路中有 3 种接法。为了便于比较，将晶体管 3 种接法电路所具有的特点列于表 4-2。

表 4-2　晶体管三种接法电路所具有的特点

名称	共发射极电路	共集电极电路 （射极输出器）	共基极电路
输入阻抗	中（几百欧～ 几千欧）	大（几十千欧 以上）	小（几欧～ 几十欧）

（续表）

名称	共发射极电路	共集电极电路 （射极输出器）	共基极电路
输出阻抗	中（几千～ 几十千欧）	小（几欧～ 几十欧）	大（几十～ 几百千欧）
电压放大倍数	大	小（小于并接近 1）	大
电流放大倍数	大（几十）	大（几十）	小（小于并接近 1）
功率放大倍数	大（约 30～40 分贝）	小（约 10 分贝）	中（约 15～20 分贝）
频率特性	高频差	好	好
应用	多级放大器中间级	低频放大输入级、 输出级或作阻抗 匹配用	高频或宽频带 电路及恒流源电路

4.1.7　场效应晶体管

如图 4-7 所示的场效应晶体管（简称"场效应管"）具有较高输入阻抗和低噪声等优点，因而被广泛应用于各种电子设备中。尤其用场效应管做整个电子设备的输入级，可以获得一般晶体管很难达到的性能。场效应管分成结型和绝缘栅型两种类型。

（a）　　　　　　　　　　　　　　　（b）

图 4-7　场效应晶体管

场效应管与晶体管的比较：

（1）场效应管是电压控制元件，而晶体管是电流控制元件。在只允许从信号源取较少电流的情况下，应选用场效应管；而在信号电压较低，又允许从信号源取较多电流的条件下，应选用晶体管。

（2）场效应管是利用多数载流子导电，所以称之为单极型器件；而晶体管是即有多数载流子，也利用少数载流子导电，被称之为双极型器件。

（3）有些场效应管的源极和漏极可以互换使用，栅压也可正可负，灵活性比晶体管好。

（4）场效应管能在很小电流和很低电压的条件下工作，而且它的制造工艺可以很方便地把很多场效应管集成在一块硅片上，因此场效应管在大规模集成电路中得到了广泛应用。

 拓 展

1. 利用实验室里的旧主控器，拆开外壳，找找自己认识的电子元器件。
2. 观察自己不认识的电子器件，上网查找资料了解它们的功能。

 评一评

参照下面的评价标准，对自己本节课的收获进行评价。

评 价 标 准	评 判 等 级
认识不同的机器人主控器	
了解主控器的主要作用	
了解常见的电子元器件	
总　评	☆☆☆☆☆

4.2 机器人的"眼睛"——传感器

如图4-8所示的传感器是机器人感受外界信息的重要部件，就像我们人类的各种感觉器官一样，能够"看到""听到"或"感觉到"外界环境的变化。用于机器人身上的传感器有许多种。例如：碰撞检测传感器、超声波测距传感器、红外测距传感器、地面灰度传感器、电子指南针等。

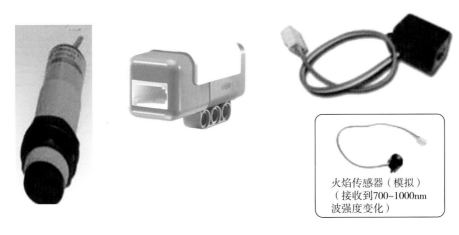

火焰传感器（模拟）
（接收到700~1000nm
波强度变化）

图4-8 各式各样的传感器

4.2.1 碰撞检测传感器

我们有时又通俗地把碰撞检测传感器称为"碰撞开关"（图4-9），所有用于开、关电器的开关和按钮都是碰撞检测传感器，触动它们时，它们就能"感觉到"并做出反应。

碰撞检测传感器平时处于断开状态，遇到障碍物或有意按下"开关"按钮时，触动了"开关"，电路连通，机器人感觉到并做出相应处理。

图4-9 碰撞检测传感

"碰撞开关"实际上就是一个简单的电路开关键，它有断开或闭合两种状态。请利用实验室的一些旧材料制作一个简单的"碰撞开关"。

4.4.2 超声波测距传感器

如图4-10所示的超声波测距传感器则是利用超声波在超声场中的物理特性和各种效应而研制的装置。它利用了声音在空气中的传输距离和传输时间成正比的原理，通过检测不同远近的反射面对超声波反射回去的时间不同来检测障碍物的距离。

图4-10　超声波测距传感器

振动在弹性介质内的传播称为波动，简称波。频率在$16 \sim 2 \times 10^4$ Hz之间，能为人耳所听到的机械波，称为声波；低于16Hz的机械波，称为次声波；高于2×10^4 Hz的机械波，称为超声波。

4.4.3 红外测距传感器

如图4-11所示的红外测距传感器是利用红外信号遇到障碍物距离的不同、反射信号的强度也不同的原理，进行障碍物远近的检测。

红外测距传感器由红外发射器和红外接收器两部分组成。它一般有一对红外信号发射二极管与红外信号接收二极管。发射管发射特定频率的红外信号，接收管接收这种频率的红外信号。

图 4-11　红外波测距传感器

红外测距传感器的主要特性：

（1）可以检测出反应距离的具体值，变化趋势是：在 10cm 以外，距离越远，测得数值越小。

（2）对障碍物颜色不敏感，因此不同颜色的都能测出具体数值，差异性小。

（3）方向性强。

（4）不受干扰。

（5）耗电量较大。

红外线和红外传感器

红外线又称红外光，它具有反射、折射、散射、干涉、吸收等性质。任何物质，只要它本身具有一定的温度（高于绝对零度），都能辐射红外线。红外线传感器测量时不与被测物体直接接触，有灵敏度高、响应快等优点。人的眼睛能看到的可见光按波长从长到短排列，依次为红、橙、黄、绿、青、蓝、紫。其中红光的波长范围为 $0.62\sim0.76\mu m$；紫光的波长范围为 $0.38\sim0.46\mu m$。比紫光光波长更短的光叫紫外线，比红光波长更长的光叫红外线。传感器是一种能把物理量或化学量转变成便于利用的电信号的器件，红外传感器就是其中的一种。

4.4.4 地面灰度传感器

如图 4-12 所示的灰度传感器是模拟传感器，有一只发光二极管和一只光敏电阻，安装在同一面上。灰度传感器利用不同颜色的检测面对光的反射程度不同，光敏电阻对不同检测面返回的光的阻值也不同的原理进行颜色深浅检测。在有效的检测距离内，发光二极管发出白光，照射在检测面上，检测面反射部分光线，光敏电阻检测此光线的强度并将其转换为机器人可以识别的信号。

地面灰度传感器用于机器人的场合比较多。例如：在灭火比赛中判断门口白线，在足球比赛中判断机器人场地中的位置，在各种轨迹比赛中沿黑线走等。

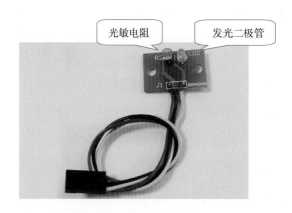

图 4-12 地面灰度传感器

地面灰度传感器特性：检测出反应颜色（灰度）的具体值，地面颜色越浅，测得数值越小。

利用以下材料，制作一个简单的地面灰度传感器，电路图如图 4-13所示。

材料清单：

1. 1K 可调电阻，1个；

2. 光敏电阻，1个；

3. 红色发光二极管，1 个。

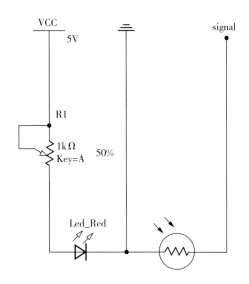

图 4 – 13　地面灰度传感器电路图

✏️ 小知识

如图 4 – 14 所示的光敏电阻是利用半导体光电效应制作的一种电阻值随入射光的强弱而改变的电阻器。入射光强，电阻减小；入射光弱，电阻增大。光敏电阻器一般用于光的测量、光的控制和光电转换（将光的变化转换为电的变化）。光敏电阻可以用来检测光线强度。

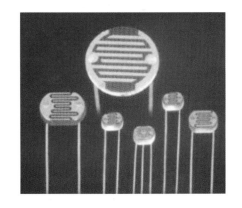

图 4 – 14　光敏电阻

4.4.5　电子指南针

如图 4 – 15 所示的电子指南针用来检测机器人与初始状态的角度。检测方式为检测地磁场强度的方式，因此使用时需要铁磁校正，并注意尽量远离铁磁性物体。

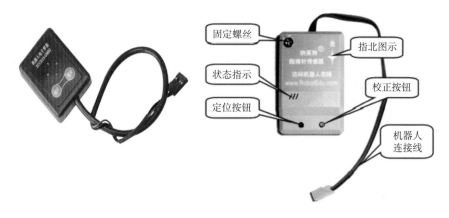

图 4-15 电子指南针

电子指南针使用分"铁磁效正"和"定零"两步。

1. 铁磁校正：长按指南针中心按钮，当指南针表面有 8 个 LED 灯闪烁，表明已经进入校磁状态，立即释放按钮，旋转机器人一周以上，再按一下按钮，指示灯闪烁停止，一颗 LED 常亮，表明此时已经铁磁校正完毕。

2. 定零：短按指南针中心按钮，罗盘零度标志处 LED 指示灯常亮，定零完毕。

 拓 展

1. 查看机器人工作室里的各种传感器，并说出每种传感器的主要工作原理。

2. 在老师的指导和带领下，选择一至两种传感器，装在机器人身上，用测试程序读出传感器在不同环境下的值的变化。

小知识

一般机器人用的传感器返回的信号分两种：一种返回值比较简单，只有两个状态："有"或者"没有"、"是"或者"不是"、"0"或者"1"。它所反映的是一种状态，如"机器人前面有没有障碍物""现在有没有声音信号"等。还有一种返回值是一个已知范围内的任意值，比如光敏电阻返回的信号就可能是 0～5 V 范围内的一个电压信号值。它所反映的是一个有效范围内的强度，如"机器人前面的障碍物有多远""现在的声音信号有多强"等。

状态反映的信息相对来说比较简单，相应的传感器也简单，成本也比较低。而强度量反映的信息则较丰富，相应的传感器成本也会较高，同时给控制上也带来了更大的灵活和复杂性。

 评一评

参照下面的评价标准，对自己本节课的收获进行评价。

评 价 标 准	评 判 等 级
能够列举出 3 种以上不同的传感器类型	
初步掌握火焰传感器、红外传感器的工作原理	
能够根据不同需求选择合适的传感器	
总 评	☆☆ ☆ ☆ ☆

第5章
程序设计基础

> 程序是电脑机器人的灵魂，编程大师说："没有风，草儿静止不动；没有程序，硬件则无所为用。"
>
> 本章我们将从编程基础入手，通过使用几种常用电脑机器人编程软件编写一些简单程序，让你小试身手，初步体验电脑机器人程序设计的过程。

5.1　算法基础

编程语言有很多，学会编程的关键就是学会怎样用一种很"广泛的思维"去考虑"编程问题"，即"编程思想"。这种思维是可以放之于任何一种编程语言都可以解决问题的，而不是局限于单纯的一种语言。

任何程序都可以分解为 3 种基本结构，即顺序结构、选择结构和循环结构（图 5-1）。牢固掌握这 3 种基本结构，是学习程序设计的基本要求，是编写出结构清晰、易读易懂的程序的前提。

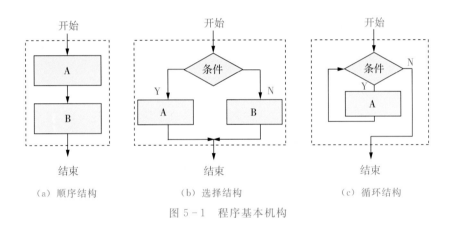

（a）顺序结构　　　　（b）选择结构　　　　（c）循环结构

图 5-1　程序基本机构

5.1.1　顺序结构

顺序结构的程序设计是最简单的，它是指按顺序从第一步骤执行到最后步骤，每个步骤都执行一次，也只执行一次。

讨　论

生活中我们也总是按照顺序去做某一事情，如我们每天起床、吃饭、上学、放学、吃饭、睡觉……，大家还能举出一些按顺序结构进行的例子吗？

1. 生活中的顺序算法

顺序结构强调的是"按时间顺序执行"特性，非常能体现生活中大多数事物的处理法则。

我们以看电影为例，分析事件发生的顺序：

第一步是要有买票的钱；

第二步是买票；

第三步是检票；

第四步是进去之后找到座位坐下，等待电影开始；

第五步是看电影。

流程图如图5-所示。

2. 机器人中的顺序算法

在机器人编程的"算法"里，也要用到这种思维方式，编写程序的时候，就是表现为执行完一个步骤，再按顺序执行下一个步骤。例如，我们需要编写一个机器人沿黑色轨迹［图5-3（a）］行走的程序，那么我们先要规范一下编程思路：

首先：机器人直行；

第二步：机器人转左90°，然后再直行；

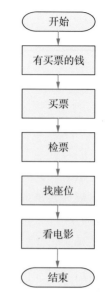

图5-2 看电影流程图

进入

(a)

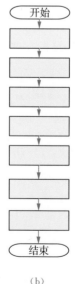

(b)

图5-3 机器人行走流程图

第三步：左转 90°，直行；

第四步：再右转 90°，直行；

……直到机器人走出图形。每一个步骤都必须有顺序地完成，一步走错机器人就不能正确地完成任务。

做 一 做

根据以上分析，将机器人行走"己"字型的程序的流程图补充完整。

顺序结构的程序虽然能够根据事件顺序执行，但是它不能做判断再选择。对于要先做判断再选择的问题就要使用选择结构。

5.1.2　选择结构

根据对指定条件是否满足的判断来决定程序执行走向的结构，我们把它称为选择结构，选择结构又称分支结构，这种程序设计方法的关键在于构造合适的分支条件和分析程序流程，根据不同的程序流程选择适当的分支语句。

设计这类程序时往往都要先绘制其程序流程图，然后根据程序流程写出程序，使得问题简单化，易于理解。

1. 生活中的选择算法

生活中我们常常根据条件来准备相关事宜。例如：学校将在 10 月 14、15、16 日 3 天举行秋季运动会，但前提是这几天不下雨，如果下雨就要实行备用方案，流程分析如图 5 - 4 所示：

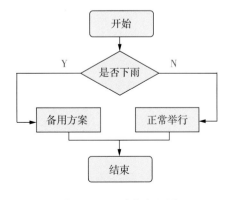

图 5 - 4　运动会流程图

2. 机器人中的选择算法

机器人通常会根据传感器返回的信息，判断下一步应该执行的任务。例如：在编辑一个机器人躲避障碍物的程序时，我们首先要考虑用什么传感器能让机器人看到前方的物体，然后当机器人发现物体了它应该转向哪个方向。

我们可以让机器人运用红外避障传感器检测前方是否有障碍物，然后用"条件判断"模块，对传感器返回的信号进行判断，并发出命令。流程图如图5-5所示：

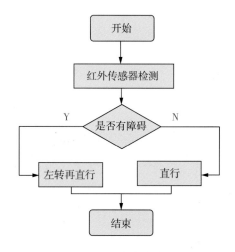

图5-5 机器人条件判断流程图

实现选择功能的语句有很多，在机器人编程中常用if语句来实现条件的判断，如：

代码表示：if（条件表达式）{语句；}

图形化表示：

⚙ 探 究

根据以上的流程图，分析该程序的设计思想和程序结构的特点。

5.1.3 循环结构

循环结构可以减少源程序重复书写的工作量，用来描述重复执行某段算法的问题，这是程序设计中最能发挥计算机特长的程序结构。例如：上节中的机器人避障的问题，如果要机器人避开多个分支的障碍物，就可以用循环来实现。

循环结构可以看成是一个条件判断语句和一个向回转向语句的组合。循环结构有 3 个要素：循环变量、循环体和循环终止条件。循环结构在程序框图中是利用判断框来表示，判断框内写上条件，两个出口分别对应着条件成立和条件不成立时所执行的不同指令，其中一个要指向循环体，然后再从循环体回到判断框的入口处。

1. 生活中的循环算法

生活中，有许多事情都是需要反复地去做同样的动作。例如：运动会上，万米长跑运动员，需要围着 400m 长的跑道跑 25 圈，运动员跑圈流程图如图 5-6 所示。

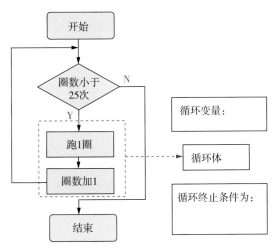

图 5-6 运动员跑圈流程图

 想一想

上述流程图中循环变量是什么？循环终止的条件是什么？并填写在图中。

2. 机器人中的循环算法

不同编程语言所支持的循环语句有所不同，机器人编程中常用的代码编写语言是 C 语言，但一般情况下我们会用图形化编程方式，常用的循环语句为 while 循环和 for 循环，循环思想大致相同，相互间可以转化，但两者也略有区别。

代码表示：while（条件表达式）〔循环体语句;〕

for（表达式 1；表达式 2；表达式 3）

〔循环体语句;〕

图形化表示：

在第一节中我们分析了避障机器人的程序设计思想，想一想如果要通过的障碍物不是一个的时候，单一选择结构的程序能完成避障任务吗？这时我们就可以用循环结构来实现。

编程思想：

首先，判断是否有障碍物，如果有障碍物，左转再直行；如果没有障碍物，直行。

其次，判断是否达到终点，如果是，结束程序；如果否，继续利用红外传感器判断是否有障碍。

 做 一 做

根据以上分析的编程思想，将下面图 5-7 所示避障机器人流程图补充完整：

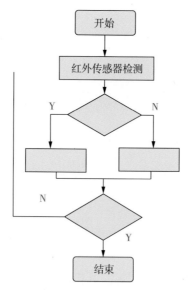

图 5-7　避障机器人流程图

想一想

这时我们并不知道有多少个障碍需要避开，在选择循环模块时应该选择 while 循环还是 for 循环呢？while 循环和 for 循环有什么区别？

 拓　展

选择结构通常是指判断一个条件是否满足，如果满足执行某一任务，如果不满足则执行另一个任务，即非此即彼的关系。但是在现实生活中，常常会遇到多个条件的判断问题，这时我们应该如何解决呢？例如：在购买火车票时会根据你的身高来判断购买哪种类型的票，身高 1.1m 以下的小孩免票，1.1～1.4m 的小孩购买半价票，超过 1.4m 的购买全价票。这时就需要用嵌套分支结构来解决问题。我们可以这样来分析问题：

条件 1：是否超过 1.4m

　　　如果是，购买全票；如果否，进入条件 2 判断

条件 2：是否超过 1.1m

　　　如果是，购买半票；如果否，免票。购票流程如图 5-8 所示：

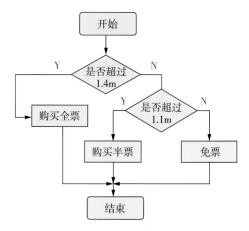

图 5-8　购票流程图

 小知识

结构化程序设计使用 3 种结构来构造程序，任何程序都可由顺序、选择、循环 3 种基本控制结构构造。

结构化程序设计的概念是 Dijkstra 在 60 年代末提出的，其实质是控制编程中的复杂性。结构化程序设计曾被称为软件发展中的第三个里程碑。该方法的要点是：

（1）没有 GOTO 语句；

（2）一个入口，一个出口；

（3）自顶向下、逐步求精的分解；

（4）主程序员组。

其中（1）、（2）是解决程序结构规范化问题；（3）是解决将大划小、将难化简的求解方法问题；（4）是解决软件开发的人员组织结构问题。

 评一评

参照下面的评价标准，对自己本节课的收获进行评价。

评 价 标 准	评 判 等 级
我对顺序结构编程思想的掌握情况	
我对选择结构编程思想的掌握情况	
我对循环结构编程思想的掌握情况	
总　评	☆☆ ☆☆☆

5.2　基于几种不同控制器环境下的图形化编程

人们都习惯和擅于图像化思考问题，在编程之初也往往会使用流程框图的形式来构建问题的解决方案。与大多数通用编程语言相比图形化编程环境能够更加生动、直观和高效地解决问题。图形化编程软件是设计和实现机器人系统核心控制程序的软件平台。本节我们将介绍几种不同控制器环境下的图形化编程，但是无论在哪种环境下编写程序，都要经过如图 5-9 所示机器人编程基本过程：

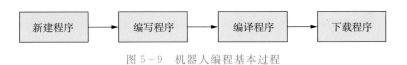

图 5-9　机器人编程基本过程

5.2.1　机器人快车

如图 5-10 所示，机器人快车兼有图形化编程和 C 语言代码编程界面，方便用户从零开始，循序渐进学习编程思想和图形化编程。在使用机器人快车的过程中，根据用户使用的不同操作系统以及机器人快车的不同版本，实际情况可能与以下的界面图片有所差异。

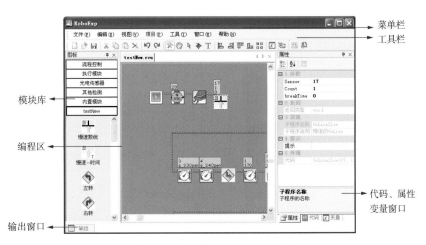

图 5-10　机器人快车编程界面

图 5-10 各部分的说明见表 5-1 所列：

表 5-1　程序界面说明

界　面	说　明
菜单栏	显示机器人快车的快捷菜单
工具栏	显示机器人快车的快捷按键
图标模块库	显示所有流程控制模块、系统模块和用户自定义模块图标
输出窗口	显示编译输出信息
编程区	显示各个编辑窗体
代码、属性	显示属性、C代码和变量的窗体

1. 认识常用图标

不同版本的 RoboExp 软件图标会有所不同，可以通过模块库升级更新模块图标，下面以 RoboExp v3.6 为例介绍一些常用的模块图标，如图 5-11 所示：

流程控制：如 If 条件语句图标、While、For 循环图标等。

（1）While

图标：

参数：表达式。

功能：控制循环体内的代码执行多次。

执行模块：如马达、伺服马达、风扇、发光、射球图标等。

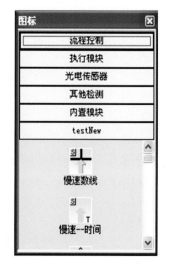

图 5-11　常用编程模块

（2）马达

图标：

参数：3 个。

Which：定义与主控器连接接口。

State：为 0 表示正转；为 1 表示停止；为 2 表示反转。

Speed：转速。

功能：通过参数的设置实现电机的转动。

光电传感器：如灰度测量、红外测距、复眼测量图标等。

其他检测：如触碰检测、角度检测、磁敏检测等。

内置模块：延时图标、音乐图标、液晶显示图标等。

（3）延时

图标：

参数：1 个，不同延时图标延时时间不同，有秒级延时、1/10 秒级延时、1/100 秒级延时。

功能：程序运行到此实现短暂的等待时间。

如图 5-12 所示，RoboExp 还支持用户自定义图标，满足 DIY 玩家的更高要求。

图 5-12　图标

讨　论

上述学习的图标中，运用哪个或哪些图标来编程就可以让图 5-13 所示机器人小车动起来呢？

图 5-13　机器人小车

探　究

分组探究软件模块库中各图标的功能，并填写在下面的表格中：

图标名称	参数及功能
马达	3 个参数，通过参数的设置实现电机的转动
伺服马达	

想一想

在机器人快车中如何定义自己的模块图标？

2. 编写程序

在前面关于电机知识的学习中，我们知道，直流电机（马达）和伺服电机（伺服马达）是驱动机器小车动起来的重要部件，用以提供动力并控制小车的前进，因此在程序编写中就少不了要用到马达和伺服马达两个图标。

编写程序首先要新建程序文件，在机器人快车中选择"文件"→"新建"，在名称栏中输入程序的名称，如图 5-14 所示：

图 5-14　新建程序文件

如图 5-15 所示，在新建的程序中根据 RCU 上接线接口的位置给每个马达和伺服马达定义硬件信息。

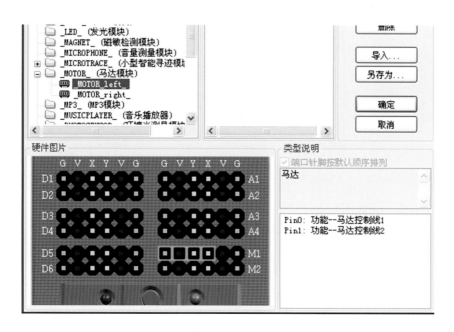

图 5-15　定义硬件信息

在编程过程中，用户通过鼠标拖拽相应的模块图标到编辑区并设置属性或条件，然后按执行顺序连接各模块图标，完成编程。机器人通过编程可以实现循迹、走某种图形、走迷宫、发声、遥控等功能。

做 一 做

从图标窗口中拖出相应图标，完成如图 5-16 所示的程序编写，并思考程序完成的是一个什么任务？图中的 🛈 图标实现了什么功能？

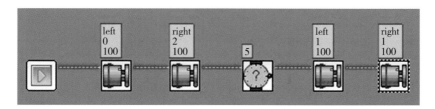

(a)

（b）

图 5-16　程序与代码

3. 编译与下载

编写好的图形化程序或代码必须通过编译生成一个机器指令程序，即目标程序，然后才能执行。编译的时候会检查程序是否有语法错误，没有错误的程序才能生成目标程序。如图 5-17 所示，如果您是第一次使用机器人快车的编译功能，要为机器人快车指定一个编译器。

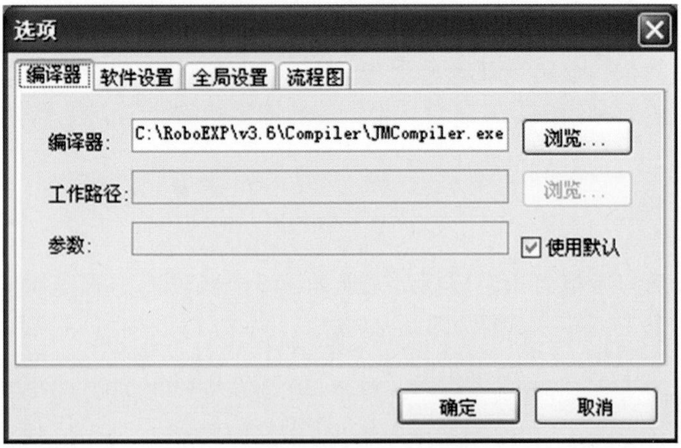

图 5-17　机器人快车编译器

编程结束后，用户通过 USB 下载线连接电脑与机器人，点击工具栏上的编译按钮 进行编译，然后点击下载按钮 将程序下载到主控器。

做 一 做

在仿真系统软件中利用条件循环模块（如 while）实现一个来回摆动的机器人，并测试编程效果。

小知识

机器人语言的一个极其重要的部分是与传感器的相互作用，用户想使机器人达到某种功能，首先是选择安装合适的通用传感器，根据传感器传回来的数据控制车轮的转动和执行部件。例如：中鸣推出的智能寻迹模块，集 8 个灰度传感器于一身，可以检测黑线和白线，它可以通过 图标完成读取当前传感器的值。

5.2.2　LEGO Mindstorms NXT 图形化编程

如图 5 - 18 所示的 The LEGO MINDSTORMS Education NXT Software（以下简称 "NXT"）是使用 LabView 引擎开发的图形化编程软件，该软件入

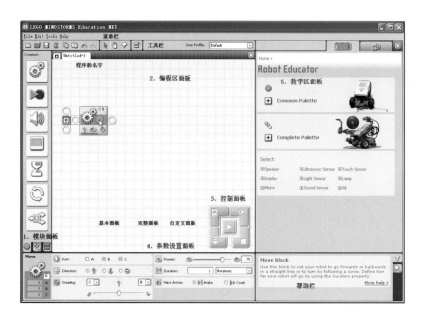

图 5 - 18　NXT 编程界面

门起点低，拓展面广，具有循序渐进式的友好的用户界面，整个编程界面只使用了 43 个命令图标，编程速度更快，功能更强大。软件共分为模块界面、编程区、控制面板、参数设置面板和教学区五部分。

图 5－18 各部分的说明见表 5－2 所列：

表 5－2　NXT 编程界面说明

界　　面	说　　明
菜单栏	显示 NXT 的快捷菜单
工具栏	显示 NXT 的快捷按键
模块面板	分为基本面板、完整面板、自定义面板
编程区面板	完成程序编写的区域
编程区	显示各个编辑窗体
控制面板	显示 NXT 状态，下载、运行和停止程序
参数设置面板	显示每个功能模块对应的参数

1. 认识常用图标模块

下面以 NXT 2.0 为例介绍一些常用的模块图标：

（1）运动模块

图标：

功能：控制机器人向前走或者向后走直线或曲线以及走多远

图标显示：① 模块右上角的字母表示电机连接到 NXT 的输出端口。

② 这个图标表示机器人运行的方向。

③ 这个图标表示电机能量。

④ 这个图标表示设置电机运动延续的状态。

（2）等待模块

图标：

功能：通过该模块机器人可以在继续运行之前等待一个特定的条件，当传感器的值低于或高于设置的触发值的时候程序继续执行。

图标显示：① 等待模块右上角的数字表示传感器所连接的端口。

② 显示选择的特定条件模块状态，如光电传感器、触碰传感器等。

（3）循环模块

图标：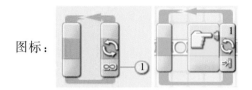

功能：设置重复执行某一段指令，可以结束循环的条件：时间，循环的次数，一个逻辑信号或传感器的状态，也可以无限循环。

图标显示：①显示循环模块的属性，如无限循环，或者显示循环条件的传感器。

（4）判断模块

图标：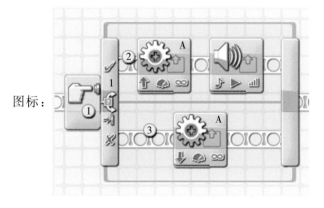

功能：可以在两种不同情况间进行选择。如用触动传感器判断，当触动被按下的时候执行一段程序，当弹开的时候执行另一段程序。

图标显示：① 显示判断的条件是传感器还是其他条件。

图中所表示的状态是触动传感器判断模块。

② 当触动传感器被按下上面的模块将被执行。

③ 当触动传感器松开则执行下面的支路。

其他各种传感器模块有光电传感器模块、声音传感器模块、触碰传感器、角度传感器、超声波传感器等。

（5）声音模块

图标：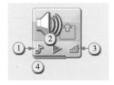

功能：通过这个模块可以演奏一个声音文件或者一个单音节。

图标显示：① 显示是演奏声音文件还是音节。

② 显示模块是开始还是停止演奏声音。

③ 显示模块的音量。4 个橘黄色条代表音量最大。

④ 可以通过数据中心来改变声音模块的属性。

NXT 还支持用户自定义图标和网上下载的模块，通过自定义模块，我们可以设置自己的功能模块。

讨 论

上述学习的图标中，运用哪些图标来编程就可以让机器人小车动起来并且发出声音呢？

探 究

根据表 5-3，打开软件了解不同的图标含义。

表 5-3　根据名称找图标

名　称	图标	名　称	图标	名　称	图标
显示		逻辑		光电传感器	
记录/播放		数学计算		NXT 按钮	
单电机		比较		声音传感器	
蓝牙发送		范围		触碰传感器	
蓝牙接收		随机		超声波传感器	
停止		变量		角度传感器	
校准		常量		计时器	
文件存取		重置电机		开始数据日志	
保持激活		数字转文本		停止数据日志	
文件读写		文本		灯	

2. 编写程序

在上一节我们学习机器人快车软件的时候已经了解了编写程序的一般过程和方法，在编制 NXT 程序的时候我们也采用类似的编程思想。

在 NXT 中选择 File→New 创建一个新的程序，编写程序时直接将要使用的功能模块从"模块面板"中拖到编程区进行设置即可，可以用鼠标移动模块，能将模块拖拉到编程区的任意位置，操作简便，在参数面板中设置相应的参数条件，完成编程。机器人通过编程可以实现巡线、发声、避障、远程遥控等各种功能。

做 一 做

1. 如图 5 - 19 所示，从模块面板中拖出相应图标，完成如图的程序编写，并思考程序完成的是一个什么任务？其中第一个图标 表示使用的是什么传感器，连接的端口是几号？

图 5 - 19　程序

2. 编程一个程序，完成以下任务。

机器人使用光电传感器，当光值大于 50 时，机器人 AC 马达前进 $1080°$，当光值小于 50 时，机器人 AC 马达后退 $720°$。

3. 下载程序

编好的程序要通过控制面板的按钮下载到 NXT 主控器中。控制面板有 5 个按钮，如图 5 - 20 所示：

（1）点击弹出 NXT 窗口，能查看 NXT 连接状态、可用内存空间、电池电量和固件版本等信息。

（2）此按钮下载程序到 NXT，需要人为操作才能运行程序。

（3）此按钮下载程序到 NXT，当下载成功后 NXT 会自动运行刚下载的程序，很方便我们调试。

（4）此按钮下载被选中的程序到 NXT 并运行，可以单独下载程序中的子

图 5 - 20 程序下载

程序进行调试。

（5）此按钮为停止，中断正在下载的程序。

编程结束后，用户通过 USB 连接电脑与机器人 NXT 控制器，点击控制面板中相应的按钮即可。

 拓 展

试着编写一个程序，要求可以实现以下功能：机器人沿黑线行走，当机器人碰到墙壁，就停止任务。

5.2.3 VJC 编程软件

图形化与编程语言（简称 VJC）是用于能力风暴智能机器人系列产品的软件开发系统，具有基于流程图的编程语言和 C 语言。VJC 为开发智能机器人项目、程序与算法、教学等提供了简单而又功能强大的平台。

如图 5 - 21 所示，在 VJC 中，不仅可以用直观的流程图编程，也可以用 C 语言编写更高级的机器人程序。

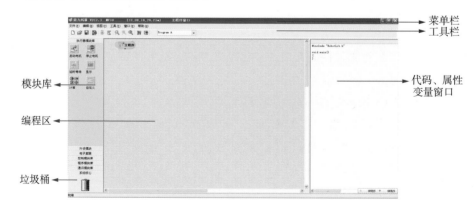

图 5 - 21 VJC 编程界面

图 5-21 各部分的说明见表 5-4 所列：

表 5-4　VJC 编程界面说明

界　面	说　明
菜单栏	显示 VJC 的快捷菜单
工具栏	显示 VJC 的快捷按键
图标模块库	显示所有流程控制模块、系统模块和用户自定义模块图标
垃圾桶	删除不用的模块
编程区	显示各个编辑窗体
代码、属性	显示属性、C 代码和变量的窗体

1. 认识常用图标

不同版本的 VJC 软件图标会有所不同，可以通过模块库升级更新模块图标，下面以 VJC 2.3 为例介绍一些常用的模块图标（图 5-22）：

控制模块：如多次循环、条件循环、永远循环、条件判断等。

（1）While

图标：

用法：双击进入设置循环次数。

功能：控制循环体内的代码执行多次。

执行器模块库：如马达、等待、计算等。

（2）马达

图标：

用法：双击图标设置速度，可设范围-100～100。

功能：通过参数的设置实现电机的转动。

外设模块库：模拟输入、数字输入、伺服电机等。

（3）伺服电机

图标：

用法：双击进入设定参数（通道号、旋转角度、电机速度）。

功能：设置伺服电机参数。

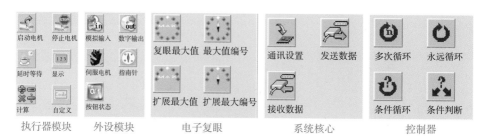

图 5-22 常见图标

 讨　论

通过上述的学习，运用哪个或哪些图标来编程就可以让机器人小车动起来呢？

探　究

分组探究模块库中各图标的功能，并填写在表 5-5 中。

表 5-5　探究模块图标功能

图标名称	参数及功能
马达	
伺服马达	
电子复眼	

2. 编写程序

编写一个机器人走正方形的程序，下面我们用流程图进行编程。

由于此软件版本是 VJC2.3 开发板，所以对流程图的编程示例我们采用 VJC2.1 的流程图来举例说明，VJC2.3 的流程图与此大同小异。如图 5-23 所示，进入 VJC2.1 的流程图编辑界面，编写此程序的步骤如下：

用鼠标点击左边"控制模块库",从中选择"多次循环"模块。将它拖到流程图生成区,与"主程序"相连,如图 5-23(a)所示。鼠标左键双击此模块,就会出现如图 5-23(b)所示对话框,在对话框中将循环次数写为 4,这意味着下面的循环体要重复执行 4 次。

(a)

(b)

图 5-23　多次循环模块

点击"执行器模块库",从中选择"移动"模块[图 5-24(a)],连接在流程图中。在模块上左键双击鼠标,打开参数设置对话框[图 5-24(b)]。在对话框中可设置平移速度、旋转速度和时间,根据要求选择合适的值,机器人就可以完成走一条边的任务。

(a)

(b)

图 5-24　移动模块

再点击"执行器模块库",选择"移动"模块[图 5-25(a)],连接在流程图中,在模块上双击鼠标左键打开参数设置对话框,在"旋转速度"和"时间"状态栏内,分别填写适当的值,使机器人向右旋转 90°[图 5-25(b)]。

最后,打开程序模块库,将"结束"模块添加上去,放在循环体外,就

（a）

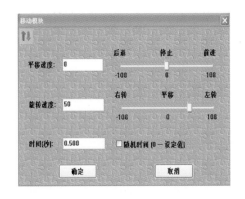
（b）

图 5 - 25　移动模块

完成了走四边形流程图的编写［图 5 - 25（a）］。

　　程序编写完毕，接下来就要下载到机器人里运行、调试了。首先把机器人和计算机用 USB 通信线连接起来，打开机器人电源开关，然后点击工具栏中的"下载"快捷按钮，就会出现一个"智能下载程序"对话框，并显示下载进程，待看到"下载成功"等字样时，说明程序已经下载到机器人中。运行程序时，拔下串口通信线，将机器人带到开阔平坦的地方，按下机器人身上的"运行"键，机器人就开始走四边形了。也许你会发现机器人走的不很规则，转弯的角度不正确……，那么就需要修改"移动"模块中的参数，对机器人进行反复调试，最后它一定能走个漂亮的四边形！

做 一 做

怎样用 C 语言代码编程编出上述程序？

3．程序的下载及调试

　　下载程序须按照下述方法：用 USB 通信线一端接机器人的下载口，另一端接计算机的 USB 接口。打开机器人电源开关，单击菜单栏中"工具（T）"选项卡，在弹出的下拉菜单中单击"下载当前程序（D）"，就可以下载程序了。

　　注：下载程序也可以使用工具栏上的"下载"快捷按钮（下载流程图）或（下载 C 代码程序）。

　　按照上述步骤操作后，会出现一个智能下载程序对话框（图 5 - 26），并显示下载进程，等出现"下载成功！"字样时，程序已经下载到机器人中了。关闭对话框，拔下 USB 通信线，按下机器人身上的"运行"按钮，机器人就会运行所下载的程序。调试需要反复修改参数，直到完成任务为止。

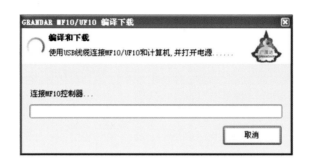

图 5 - 26　下载对话框

5.2.4　积木式编程

如图 5 - 27 所示，纳英特机器人的图形化编程系统是一种积木式平台，采用流程图模型，每一个积木模块都可以完成一定的功能，只要按程序编写的逻辑连接这些模块就可以很快地完成一个程序的编写。当然，纳英特机器人编程系统也支持 C、LOGO、BASIC 等多种计算机高级语言。

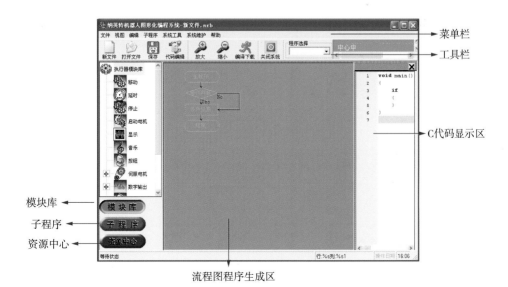

图 5 - 27　编程界面

1. 认识模块图标

纳英特机器人的图形化编程系统的模块库主要有 3 大类型，分别是执行器模块库、控制模块库和程序模块库，见表 5 - 6 所列。模块区采用树形结构，双击各个模块库名称即可打开或收起所属模块。

表 5 - 6　纳英特机器人模块库

模 块 库	所 属 模 块	说　明
执行器模块库	移动模块 延时模块 停止模块 扩展电机模块 显示模块 音乐模块 伺服电机	包含机器人的各类动作操作
控制模块库	控制模块库 多次循环模块 条件循环模块 中断循环 条件判断	包含各种程序流程图的流程图控制模块
程序模块库	调用系统函数 赋值模块 调用子程序 子程序返回 代码片段	包含程序进程操作以及子程序的调用模块

2. 模块基本操作

（1）添加模块

如图 5 - 28 所示，在模块库区选择模块，按下鼠标，拖放至目的区域，待方向线变红色时，松开鼠标，完成操作。

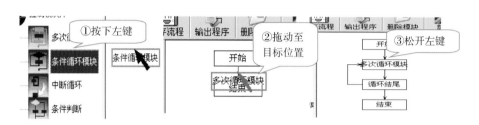

图 5 - 28　添加模块

（2）删除模块

如图 5 - 29 所示，选择删除目标，单击鼠标右键，选择删除模块，确认即完成操作。

如果删除的模块是条件判断、循环模块，则应至模块起始处删除。在删除此类模块时，将删除该模块所包含的所有的模块。

（3）设置参数

选择设置对象，双击打开设置窗口，或者通过右键快捷菜单，选择模块属性。

3. 编写程序

以"走迷宫"为例，我们试着编写一个程序。迷宫如图 5 - 30 所示，要求机器人能顺利地完成迷宫的周游任务。

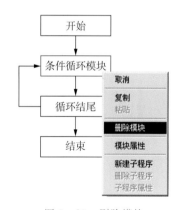

图 5 - 29　删除模块

（1）编程思路

目前，机器人完成走迷宫的方法有两种："右手法则"和"左手法则"。这里选择左手法则进行举例说明。

"右手法则"：沿着右边墙壁走，如果其右手边无障碍，则向右转；如果前面有障碍就向左转，一直重复这个操作，直至返回终点。

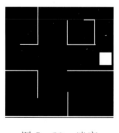

图 5 - 30　迷宫

"左手法则"：沿着左边的墙壁走，如果其左手边无障碍，则向左转；如果前面有障碍就向右转，直至左手边出现障碍物，一直重复操作，直至返回终点。

（2）程序编写

① 如图 5-31 所示，新建一个流程，拖放一个条件循环模块。

② 如图 5-32 所示，双击"条件循环模块"进行设置，选中"永远循环"，确定退出。

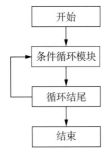

图 5-31　新建流程　　　　　　　　　图 5-32　条件判断模块设置

③ 拖放一个条件判断至循环内部，位置如图 5-33 所示：

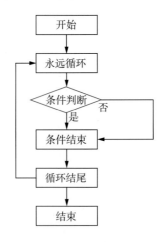

图 5-33　条件判断内部循环

④ 程序编写完毕，保存该文件。

4. 下载程序并运行

将随机配套的数据线一端接计算机上的串行通讯口，一端接纳英特机器人主电路板上的通讯口。

（1）如图 5-34 所示，点击编译下载。

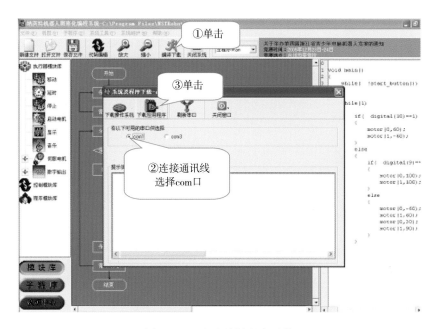

图 5 - 34　点击编译程序下载

（2）如图 5 - 35 所示，下载。

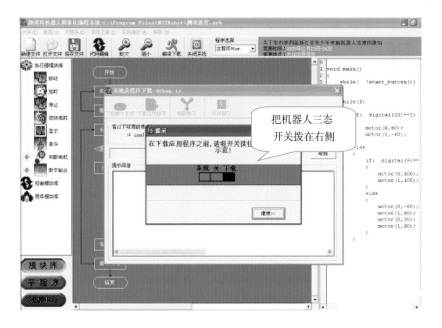

图 5 - 35　程序下载

（3）如图 5 - 36 所示，下载完成。

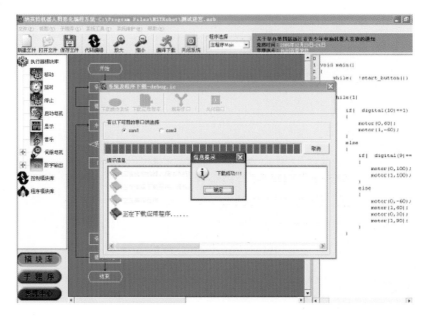

图 5 - 36　下载完成

（4）启动纳英特机器人，测试机器人运行效果。

 拓　展

如果机器人运行与预定的情况不符，需要在原程序基础上调整对应的参数直至符合要求。比如偏转的角度不合要求，就对转向时的马达功率、转向时间等参数进行调整，直到符合要求。根据机器人的实际运行情况进行修改。

 评一评

参照下面的评价标准，对自己本节课的收获进行评价。

评 价 标 准	评 判 等 级
我对编程过程的理解程度	
是否会运用模块图标编写简单程序	
是否会用 C 语言编写简单的程序	
总　评	☆　☆　☆　☆

第6章

机器人应用实例

前面我们已经对机器人有了基本的了解。本章我们将亲自动手搭建一些简单的机器人，并通过给机器人编写程序，让机器人完成一些有趣的任务。

让我们一起动脑、动手，充分发挥自己的创造力和想象力吧！

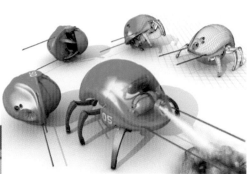

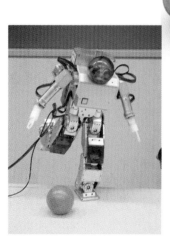

6.1　避障机器人

随着人类认知领域的不断扩展和研究层次的不断深入，人类的作业环境也开始向着更为复杂的空间发展。有些不适宜人类工作的环境可以让机器人代替人类工作，如一些恶劣环境下的救援任务。如图6-1所示避障机器人，首先必须躲开障碍物，机器人在遇到障碍物时，要根据障碍物的情况选择合适的路径。机器人避障也可以为交通运输业带来改革，如可以为车辆自主导航和无人驾驶提供技术。

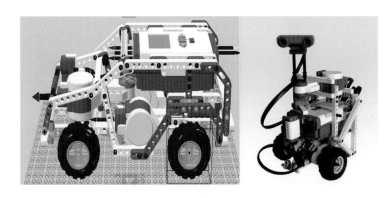

图6-1　避障机器人

现在我们就可以搭建一个机器人小车，分别完成以下两个任务：

1. 写一个程序，在两个障碍物之间来回行驶。一端是不能碰到墙壁就必须返回，一端必须碰到墙壁才能返回。

2. 写一个程序，在地面上任意放几个易拉罐，然后编写避障程序。

6.1.1　方案设计

1. 任务分析

（1）机器人动作要能实现曲线运动，至少要有两个直流电机。

（2）机器人避障需要通过传感器实现，可以通过两种方式实现：一是通过触碰感知障碍，二是通过感知与障碍物之间的距离。所以我们可以使用触碰传感器或者超声波传感器。

讨　论

讨论避障机器人任务，搭建有关结构以及分析程序算法并填在下面。

讨　论　项　目	
搭建使用何种结构	
使用电机数量	
使用哪些传感器	
程序算法思想	

6.1.2　搭建机器

提供材料：控制器 1 个，电机 3 个，轴、梁、销、轴套、轮胎等若干。

（a）触碰传感器　　　　　　　　　　　（b）超声波传感器

图 6 - 2　传感器

做 一 做

5 个同学为一组，对任务讨论分析，并做好任务分工。

搭建机器：根据提供的材料和任务，搭建 1 台机器人小车，用连接线把马达、传感器分别与控制器的端口相连接。

6.1.3　编制程序

我们以使用两马达、触碰传感器、超声波传感器为例，思考程序算法。

任务 1 算法：两马达控制机器人前进，距离小于 5cm 时，机器人后退；碰到障碍物时，机器人又前进。要做到来回行驶，还要加一个循环结构。

任务 2 算法：两马达控制机器人前进，当左右两个触碰传感器都碰到障碍物时，机器人后退；当左触碰传感器碰到障碍物，右马达后退；当右触碰传感器碰到障碍物，左马达后退。

如图 6-3 所示，为任务 1 程序示例：

图 6-3　任务 1 程序

如图 6-4 所示，两马达接 B、C 端口，超声波传感器接 4 号端口，触碰传感器接 1 号端口。

（a）超声波模块设置

（b）触碰模块设置

（c）循环模块设置

图 6-4　模块设置

探　究

根据任务 2 算法，参照任务 1 示例，进行程序编写。

6.1.4　调试运行

通过 USB 线连接电脑与机器人 NXT 控制器，点击控制面板"下载"按钮把程序下载到机器人控制器中，然后把机器人放到场地相应位置，观察机器人是否能完成预期的任务。

拓　展

在场地上任意放圆形、方形、长条形物体，机器人在一定区域内行动要成功避过障碍，并且可以到达指定地点。

评一评

参照下面的评价标准，对自己本节课的收获进行评价。

评 价 标 准	评 判 等 级
能够选择合适的器材搭建稳固的机器人	
掌握对传感器的参数设置	
会根据方案编写程序	
能有效进行调试并完成任务	
总　　评	☆☆☆☆

6.2 巡线机器人

如图 6-5 所示，所谓的"巡线机器人"就是能够在你指定的路线上行走的机器人，而且不会偏离轨道，就像《机器人总动员》里的清洁机器人小 M-O。

本节我们要综合运用所学的知识，选用中鸣器材，完成从机器人搭建，到编程调试，实现机器人在最短时间内从"安全岛"出发，沿黑色轨迹（图 6-6）至少行走 5 个拼装快，最终回到"安全岛"的任务。

图 6-5　巡线机器人

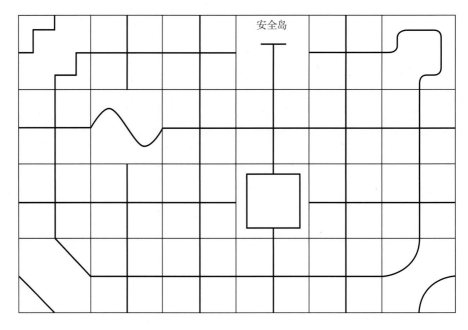

图 6-6　轨迹线路

6.2.1　方案设计

根据巡线机器人的任务要求，把整个任务分解成几个相对简单的分任务，并提出解决分任务的方法和实施步骤。

1. 任务分析

完成机器人巡线的任务。首先，要考虑选择什么器材。驱动机器人的电机当然不可少，但要考虑用几轮驱动的问题，这就相当于是小轿车和越野车的问题。其次，考虑如何让机器人按照黑色寻迹，而不是白色。我们知道灰度传感器能感知不同灰度，通过灰度值的设定能够区分黑色和白色。那么，需要几个传感器来判断比较好呢？最后，要考虑如何在最短的时间内走完规定数目的拼装块。场地中有 6 个拼装块，任务只要求通过 5 个拼装块，应该如何取舍？这时，还要考虑你设计的机器人是否能够后退巡线。如果不能，只能按前进方向设计路线；如果可以后退巡线，那可选择的路线就更多了。

2. 解决策略

一般情况下，我们会采用两轮驱动，即前排车轮负责转向，后排车轮承担整个机器人的驱动工作。在该任务中没有涉及角度控制，所以可以不要伺服电机。其他器材如主控器、传感器、电池，当然也是不可少的。

在前面的学习中，我们知道中鸣厂家提供了一种集 8 个灰度传感器于一身的智能寻迹模块，可以很方便地实现沿黑色或白色寻迹。在完成结构搭建之后，就要对其进行检测，测试各路传感器是否能正常工作。

路线设计越短，所需时间就会越短。但在实际任务中还要综合考虑拼装块的难易度，避免因个别拼装块无法通过，导致整个任务无法完成的情况。如果条件允许，可以考虑使用前后两个寻迹模块，实现前进和后退均可寻迹。

6.2.2　硬件搭建

根据任务分析选择的器材，参考搭建步骤（也可自由发挥）完成机器人的搭建（图 6-7），并完成检测。

图 6-7　搭建的机器人

器材准备

准备好搭建巡器人的各种配件，见表6-1所列。

表6-1 巡线机器人配件

序号	所需配件	个数套数	配件在本方案中的功能	配件图片
1	主控器	1	机器人的"大脑"	
2	寻迹模块	2	检测黑色或白色轨迹	
3	马达	2	四轮驱动机器人装配	
4	伺服马达	2	机器人手臂角度调整	
5	底板	2	机器人基座	
6	模块控制线	7	连接主控器和各设备	

（续表）

序号	所需配件	个数套数	配件在本方案中的功能	配件图片
7	电池	1	供电	
8	轮胎	4	四轮驱动机器人装配	
9	铜柱、螺丝等	若干	固定和组合机器人各部件	

装配步骤

巡线机器人装配步骤如下：

1. 如图 6 - 8 所示，给机器人提供驱动设备，将马达与轮胎安装在底板上。

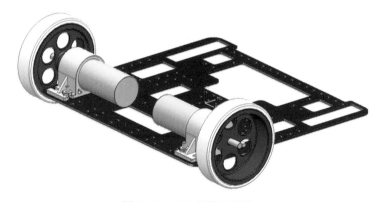

图 6 - 8　马达和轮子安装

2. 如图 6-9 所示，在底板上安装智能寻迹模块，使机器人能够识别地面白线或黑线。

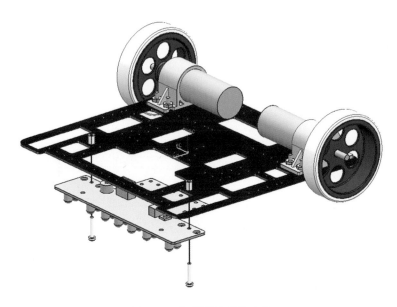

图 6-9　智能寻迹模块安装

3. 如图 6-10 所示，安装前面的导轮，将前面整个导轮部分安装在底板上。

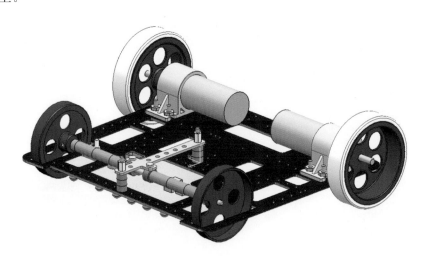

图 6-10　导轮安装

4. 如图 6 - 11 所示，安装支架与主控器。

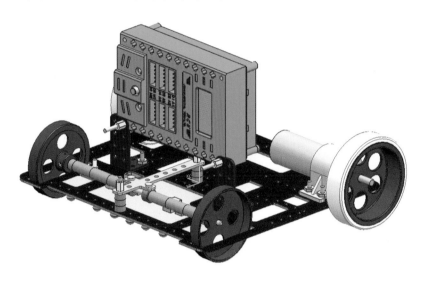

图 6 - 11　支架与主控器安装

5. 利用模块控制线将马达和寻迹模块与主控器相连，并接上电源。

 想一想

寻迹模块如图 6 - 12 所示，如何实现沿黑色轨迹巡线？

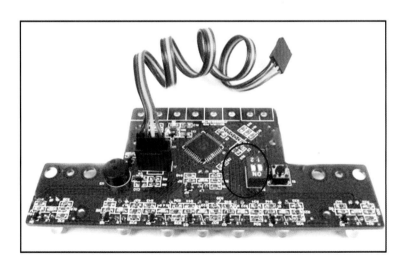

图 6 - 12　寻迹模块

做一做

1. 如图 6-13 所示，下载测试程序到主控器，测试马达是否转动以及转动方向。

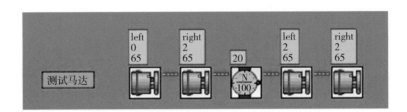

图 6-13　马达测试程序

2. 测定灰度值，测试方法如下：

第一步：如图 6-14 所示，根据表 6-2，设置拨码开关 1、2 均为 ON。按住寻迹模块上按键不放，打开 RCU 电源，等到灯全亮后将寻迹模块扫描黑线一次或以上，直到灯全灭。

图 6-14　设置拨码开关

表 6-2　相关设置及说明

拨码开关 1、2	检测线型	说明
ON ON	黑线	自动设置阈值
OFF OFF	白线	自动设置阈值
OFF ON	黑线	手动设置阈值
ON OFF	白线	手动设置阈值

第二步：如图 6 - 15 所示，检查寻迹模块识别情况，在黑线上的 LED 亮其余都是灭，全部检查是否正常。

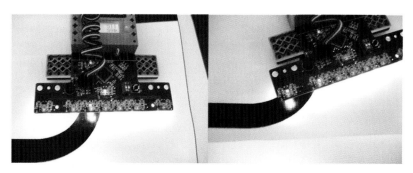

图 6 - 15　寻迹模块识别检查

探　究

要求在最短时间内至少通过 5 个拼装块，行走路线该如何设计？

6.2.3　编制程序

根据以上分析结果，确定最佳行走路线。如图 6 - 16 所示，下面以这样的路线为例：

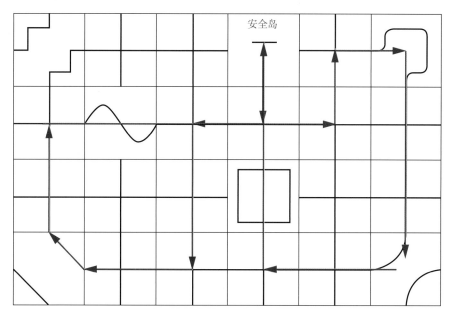

安全岛

图 6 - 16　线路规划

编程思想：如图 6-17 所示，该路线是按照先后顺序——通过拼装块，所以我们采取顺序结构的编程方法，将模块库中的图标拖到编程区域，按顺序连接各图标。

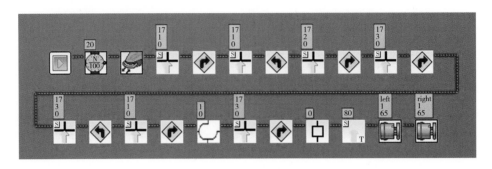

图 6-17　编写程序

程序编写过程中要注意保存文件，避免突然停电或计算机故障导致程序编写的中断。程序编写完成后，先检查程序中是否有逻辑性错误。因为软件本身只能检查语法错误，逻辑性错误是无法检查的。

1. 模仿上述例子，编程。

2. 根据分析重新确定最佳路线，并编程。

6.2.4　运行调试

机器人的运行会受很多因素的干扰，如环境光、路面情况、电池的电量等，所以有时程序下载到机器人后，机器人没有达到预期的效果。这时完善机器人的结构和程序是非常重要的。例如：如果路面光滑，机器人有打滑现象，无法精确定位，这时在结构上可以考虑轮胎的防滑，在程序上可以延长刹车时间（break time）。只有通过不断地调试，才能使机器人完成巡线任务。

1. 在该例子中我们只实现了机器人前进的巡线，机器人后退的巡线应该如何实现呢？还需要哪些器材？

2. 加装伺服马达和手臂，调整伺服的转动角度，实现机器人手臂的打开与关闭。

阅览室

机器人模块控制线

模块的控制线分为三芯控制线、四芯控制线和八芯控制线。控制线色线表示的含义见表 6－3 所列。

表 6－3　控制线色线含义

黑线	红线	黄线	棕线
地线	电源线	信号线	信号线

机器人控制器的自由端口分为三位和四位。一般带三芯控制线的模块与三位自由端口连接，带四芯控制线的模块与四位自由端口连接，带八芯控制线的模块与两个相邻的四位自由端口连接。模块接插过程中注意控制线中的黑线为地线，应对准机器人控制器上标有 G 的自由端口的控制针。

评一评

参照下面的评价标准，对自己本节课的收获进行评价。

评 价 标 准	评 判 等 级
是否能够根据分析选择器材	
是否能完成搭建	
是否能独立设计最佳路线，是否有创新	
程序编写完成情况如何	
总　评	☆☆☆☆☆

6.3 足球机器人

机器人足球是机器人作为队员，有明确比赛规则和比赛目标的极具观赏性的活动。它是体育与高科技结合的产物，集科学研究、教育和娱乐于一体，吸引了世界各国科技工作者和广大青少年的积极参与，已经引起社会各界的日益关注。

如图 6-18 所示，足球机器人根据任务需求可分为防守足球机器人、进攻足球机器人和可攻可守足球机器人。防守足球机器人，顾名思义，就是像人类足球比赛中的守门员那样，防止足球进入己方球门；进攻足球机器人，就像人类足球赛中的前锋那样，将进球视为己任，不将足球踢进对方球门就不罢休；可攻可守足球机器人，也即是像人类足球比赛中的中场球员那样，进可攻，退可守。

(a)   (b)

图 6-18 踢足球

接下来我们就利用器材来搭建一个足球机器人，能够实现 360°找球，发现足球并去踢球。

6.3.1 方案设计

根据足球机器人的任务要求，把整个任务分解成几个相对简单的分任务，并提出解决分任务的方法和实施步骤。

1. 任务分析

比赛足球是一个发射红外线的光球，距离球越近，其红外光值也就越大；反之，则越小。因此，根据这一原理，机器人就是通过一个专门的检测红外光线的装置来判断球和机器人的方位，并根据方位来执行相应的动作，从而完成追球的动作。

机器人追球的目的是为朝着球的方向走，使机器人尽可能地靠近球，并执行相关的策略，从而实现将球踢进对方球门。

2. 解决策略

根据任务分析，我们需要选择复眼来发现球。利用电机驱动机器人追球、踢球。当然这一切的实现少不了控制器。

如图 6-19 所示，当复眼的第 1、第 2、第 3 号通道看到球时，机器人认为球在左边，则机器人向左边运动（即其左轮不动，右轮正转），其运动方向如图 6-19 红色箭头所示：复眼的通道号发现球的时候（第 1 通道号），其相应的通道号灯就会亮（绿色灯），没有发现球时就不亮。

如图 6-20 所示，当且仅当复眼的第 4 号通道看到球（第 4 号通道号的绿灯亮）时，也即球在机器人的前面，机器人的左、右轮同速正转，机器人就朝着球的方向直冲，其运动方向如图 6-20 红色箭头所示。

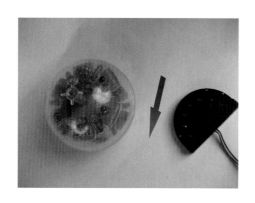 

图 6-19　1、2、3 号复眼见球　　　　图 6-20　4 号复眼正对球

机器人就是这样地不断根据判断条件执行相应的动作，从而实现了追球的功能。为了更容易明白追球的概念，我们把追球和无球时的程序一起用。其原理如下：

当装在机器人前面的复眼检测到的光值大于无球时的光值，LED 灯亮，机器人追球；当装在机器人前面的复眼检测到的光值小于无球时的光值，LED灯灭，机器人在原地旋转。

6.3.2 硬件搭建

▲ 器材准备

准备足球机器人复眼模块，见表6-4所列。

表4-4 复眼模块

序号	模块外形	模块名称、功能
1		发光模块，具有发光功能，可亮可灭
2		复眼模块，测量环境光

▲ 装配步骤

1. 安装复眼模块，如图6-21所示。

图6-21 复眼模块安装

2. 安装发光模块、马达驱动模块，并上下层组合装配，如图 6-22 所示。

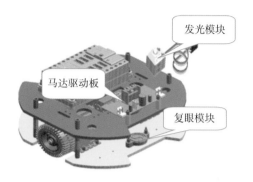

图 6-22　发光、马达驱动模块安装

3. 安装完成。

6.3.3　程序编写

1. 设置硬件信息

设置硬件信息，进行模块与端口的连接，设置两个马达模块 _ MOTOR _ 分别为 _ MOTOR _ left _ 和 _ MOTOR _ right _ ，将其端口分别设在 M1Y 和 M2Y 端口上；一个 LED 灯模块 _ LEFD _ 1 _ ，端口设在 D3X 端口上；一个复眼模块 _ COMPOUNDEYE _ 1 _ ，端口设在 D2Y 端口上。

2. IfElse 模块的应用

IfElse 是由两个英文单词 if 和 else 组成的。if 在中文中是"如果"的意思，else 在中文中是"否则"的意思。IfElse 模块具有判断功能，使用 IfElse 模块时，If 图标上边与 EndIf 图标上边之间的连线所通过的图标，就是条件成立时所要做的事情；If 图标下边与 EndIf 图标下边之间的连线通过的图标，就是条件不成立时所要做的事情。如图 6-23 所示：

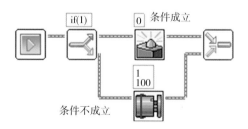

图 6-23　条件判断程序

在图中，IfElse 模块的判断条件成立时就执行发光模块图标，IfElse 模块的判断条件不成立时就执行马达模块图标。当没有定义 IfElse 模块的判断条件时，机器人快车默认判断条件成立。要定义 IfElse 模块的判断条件，只需双击 If 图标，然后在主编辑窗口右边的属性对话框中进行编辑。

3. 程序流程图

如图 6-24 所示，这样做的目的是为了能更好地让复眼的第四个通道号发现球，也即始终使球在机器人前面。

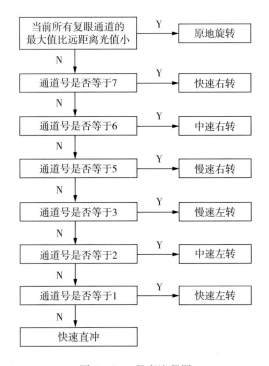

图 6-24 程序流程图

4. 编程步骤

（1）新建应用程序，在模块库中分别将马达模块图标、LED 灯模块图标、复眼模块图标拖到编程区。

（2）在编程区双击复眼模块图标，弹出复眼模块的属性框，在"参数值"的下拉菜单里面，选择已经设置的复眼硬件信息 _COMPOUNDEYE_1_；command：的参数值有 13 个，输入不同的命令值，就可以控制复眼模块完成不同的功能，见表 6-5 所列。

表 6－5　复眼模块属性

控制命令	返回值含义	功能分类描述
1～7	7 个通道测量到的光值	能在 180°范围内任意读取 7 个方向中的任一个感光值
8	最大光值所在的通道号	读取 7 个方向中最强的感光值及其方位
9	最大光值	
10	最小光值所在的通道号	读取 7 个方向中最弱的感光值及其方位
11	最小光值	
12	7 个通道测出的平均光值	能即时读取 7 个方向的平均感光值

（3）定义 6 个变量，变量 MaxValue：当前所有复眼通道的最大值；MaxNo：复眼的通道号；NO3、NO4、NO5 当前第三、第四、第五复眼的通道号，var0：复眼阈值，并设定 IfElse 语句模块的条件表达式、设定左右马达、LED 灯、复眼模块的参数值。

（4）读取当前复眼的最大值、最大值的通道号和第三、第四、第五通道号的光值（判断机器人是否发现球）。如果机器人发现到球，LED 灯变亮，并检测复眼通道最大值的通道号。根据不同的通道号判断球与机器人的方位，并执行不同的处理程序。如果复眼通道最大值的通道号等于 7，那么机器人就快速向右转；复眼通道最大值的通道号等于 6 则中速向右转；复眼通道最大值的通道号等于 5 则慢速向右转；复眼通道最大值的通道号等于 3 则慢速向左转；复眼通道最大值的通道号等于 2 则中速向左转；复眼通道最大值的通道号等于 1 则快速向左转。如果当前所有复眼通道的最大值小于远距离的光值，LED 灯熄灭，机器人原地旋转。

6.3.4　调试运行

将机器人放入场地试验，看是否能完成任务。如不能，请再次调试。直到任务完成为止。机器人的运行会受很多因素的干扰，如环境光、路面情况、电池的电量等，所以有时程序下载到机器人后，机器人没有达到预期的效果，这时完善机器人的结构和程序是非常重要的。

评一评

参照下面的评价标准，对自己本节课的收获进行评价。

评 价 标 准	评 判 等 级
是否能按照搭建步骤完成机器人搭建	
是否能找到"足球"	
是否能找到球后"跑"去踢球	
总 评	☆☆☆☆☆

6.4　灭火机器人

机器人能够代替人类完成重复乏味或危险的工作，提高我们的生活品质和工作效率。比如如图 6 - 25 所示的灭火机器人，它动作敏捷，不仅在熊熊烈火之中来去自如，而且不管哪里冒烟、起火，它都能及时发现，赶到现场，将火灾隐患消灭。

图 6 - 25　灭火机器人

本节中，我们就动手设计、制作一个能够寻找火源，并可以灭火的机器人，来比一比、赛一赛。

比赛的任务是模拟现实中一个拥有 4 个房间的房子（图 6 - 26），其中一

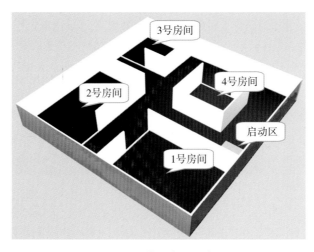

图 6 - 26　模拟房间示意图

个房间失火，机器人必须在这个模拟场地中规定的起点出发，搜寻 4 个房间，找到失火的房间并将火（以一根蜡烛来模拟火源）灭掉，然后成功回到起点。整个过程所花费的时间越少，成绩就越好。

6.4.1 方案设计

根据机器人灭火的任务要求，把整个任务分解成几个相对简单的分任务，并提出解决分任务的方法和实施步骤。

1. 任务分析

机器人灭火的过程，可以划分为寻找火源和实施灭火两个环节。基本思路：首先寻找火源，发现火源后，确定火源的方位，接近火源，然后做出灭火动作，熄灭蜡烛。

一般失火的现场会具有以下特征：光、热、烟、红外线。因此，可以用光传感器来探测火焰的亮度；用温度传感器来探测温度的变化；用烟雾报警器来探测烟雾浓度；用红外线传感器来探测红外能量。失火现场特征，我们需要使用相应的传感器来进行探测。

当机器人发现了火源，也知道了火源位置的时候就可以开始灭火了。灭火的方法可以采用以下几种：水、泡沫、干粉、风力等，但考虑到器材的方便，以及火源是蜡烛，所以采用风力方式就可以很容易吹灭蜡烛。因此，可以在机器人身上装一个风扇来吹蜡烛。

2. 解决策略

综合火源不确定在哪个房间，而且要考虑到节省时间等情况，所以采用搜索策略：2→1→3→4。也就是先找 2 号房间，如果有火，就直接灭火回家；如果 2 号房间没有火，就去找 1 号房间，有火就灭火回家；没有火，就去找 3 号房间，有火灭火回家；没有火，就去找 4 号房间，找到火源灭火回家。

2 号房间：如图 6-27 所示，采用左手法则直线前进，当右边的工业红外传感器发现 2 号的挡板时，左转，然后采用右手法则到 2 号房间门口的白色线，利用机器人前端下的火焰传感器判断是否有火。有火进入 2 号房间，右转一定的角度到机器人前端上的火焰传感器发现有火，调整机器人让最中间的火焰传感器对准火焰，灭火。2 号房间回家是从 2 号门口出来直接向前从 4 号门口回家，这样是为了增加完成任务的稳定性。

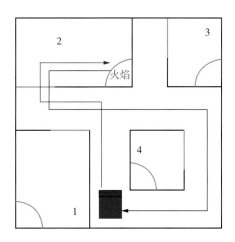

图 6 - 27　2 号房间灭火策略

1 号房间：如图 6 - 28 所示，当机器人前端底部灰度检测到 2 号门口的白色线且没发现 2 号房间有火，机器人直接后退到 1 号房间的挡板，后退到 1 号房间门口的白色线，利用机器人后方的火焰传感器判断是否有火，有火退进 1 号房间，然后旋转 180°，前端的火焰传感器看到火，调整机器人让最中间的火焰传感器对准火，灭火。1 号房间回家是直接从 1 号房间旁边回家。

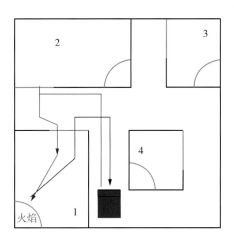

图 6 - 28　1 号房间灭火策略

3 号房间：如图 6 - 29 所示，当机器人前端的底部灰度检测到 1 号房间门口的白色线，发现没火，机器人直接向前采用左手法则走迷宫到 3 号房间门口，利用机器人的火焰传感器判断是否有火。有火则调整机器人让最中间的火焰传感器对准火焰进3号房间灭火。

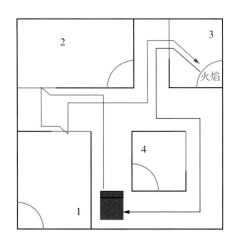

图6-29　3号房间灭火策略

4号房间：如图6-30所示，当机器人前端的底部灰度传感器检测到3号房间门口的白色线后，发现3号房间没火，机器人直接后退到2号房间的挡板，右转，右手法则到4号房间门口，利用机器人上的火焰传感器判断是否有火，有火则调整机器人让最中间的火焰传感器对准火焰进4号房间灭火。灭完火后，直接回家。

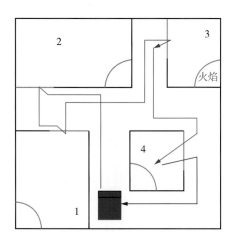

图6-30　4号房间灭火策略

6.4.2　硬件搭建

按照设计方案，在机器人主体上安装相关传感器和风扇，以及电机等驱动设备。最终装配一个如图 6-31 所示的灭火机器人。灭火机器人用火焰传感器来判断离火源的远近，用红外传感器来避障，用灰度传感器来看场地上的标线，用风扇吹灭火焰。

安装完成的灭火机器人

图 6-31　灭火机器人

器材准备

准备灭火机器人的配件，见表 6-6 所列。

表 6-6　灭火机器人配件

序号	所需配件	个数套数	配件在本方案中的功能	配件图片
1	主控器	1	机器人的"大脑"	

（续表）

序号	所需 配件	个数 套数	配件在本方案中 的功能	配件 图片
2	声控传感器	1	声控启动	 声控传感器（数字） （能检测环境声音变化）
3	灰度传感器	2	检测场地地面标志线 （房间门口白线、 灭火圈白线、"H"家）	
4	红外传感器	3	数字传感器，主要用于 迷宫避障碍物	
5	火焰传感器	5	检测火焰，前右1个， 后1个，上3个	 火焰传感器（模拟） （接收到700~1000nm 波强度变化）
6	工业红外传感器	3	检测前方障碍物	
7	电池	1	供电	

（续表）

序号	所需配件	个数套数	配件在本方案中的功能	配件图片
8	马达	4	四轮驱动机器人装配	
9	轮胎	4	四轮驱动机器人装配	
10	铜柱、螺丝等	若干	固定和组合机器人各部件	

装配步骤

1. 如图 6-32 所示，安装电机，给机器人提供驱动设备。

安装电机

图 6-32 电机安装

2. 如图 6-33 所示，在机器人底部安装灰度传感器和火焰传感器，使机器人能够识别地面白线，"看到"蜡烛火焰。

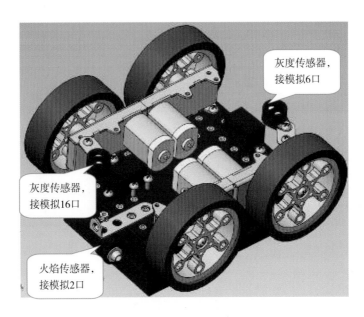

图 6-33　灰度和火焰传感器安装

3. 如图 6-34 所示，在机器人正面安装红外传感器，使机器人能够探测到房间墙壁，有效避障。

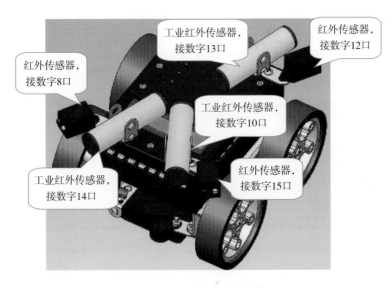

图 6-34　红外传感器安装

4. 如图 6 - 35 所示，安装火焰传感器和风扇，使机器人能够"看准"火源的准确位置，启动风扇实施灭火。

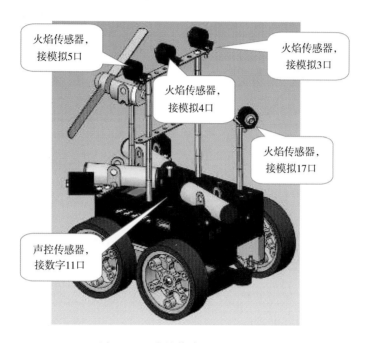

图 6 - 35　火焰传感器和风扇安装

想一想

各种传感器一定要接入以上图示中的各个指定接口吗？

6.4.3　编写程序

搭建好机器人硬件后，就需要给机器的"大脑"注入智慧的思想了。这里以 C 语言程序为例，提供了部分代码（寻找 2 号房间火焰，灭火回家）。

说明：ao（）代表停止 stop（），mot（20，20）代表 motor（0，20）；motor（2，20）

```
♯ define dh    analog（16）        / * 后底部灰度 * /
♯ define dp    analog（6）         / * 前底部灰度 * /
♯ define kdigital（11）           / * 声控 * /
♯ define fll digital（15）        / * 左红外 * /
```

```
#define fql digital (10)              /*左前红外*/
#define fqr digital (14)              /*右前红外*/
#define frr digital (8)               /*右红外*/
#define fhh digital (13)              /*后红外*/
#define fhl digital (12)              /*后左红外*/
#define fyl analog (5)                /*左火焰*/
#define fym analog (4)                /*中火焰*/
#define fyy analog (3)                /*右火焰*/
#define fy2 analog (2)                /*测2号火焰*/
#define fya analog (17)               /*测1号火焰*/
void main () //主程序
{
    while (1) //按 START 键（或加声控）启动
      {
        printf ("    %d %d %d \ n", dh, fy2, fyy);
        sleep (0.03); if (start _ button ()) break;
      }
    m2 (); //去2号房间迷宫
}
void m2 () //去号房间迷宫
{
while (1) {if (fqr==1) {mot (-95, -95); sleep (0.1); ao ();
break;} else {mL02 ();}}
    mot (-95, 95); sleep (0.10); ao ();
    while (1)
      {
        if (dp<130)
          {
            if (fy2>230) //无火
              {
                mot (-90, -90); sleep (0.03); ao (); break;
              }
```

```
        m22 ();//有火进入 2 号房间迷宫灭火
    }
    else {mR ();}
}
mot (-90，-65);sleep (0.25);ao ();m1 ();
}
void m22 () //进入 2 号房间迷宫灭火
{
    mot (40，90);sleep (0.15);ao ();
    while (1)
      {
        if (fyy<120 | | fym<200) {fire2 ();}
        else {mL ();}
      }
}
void fire2 () //2 号房间灭火及回家
{
while (1)
    {
        if (dp<130&&fym<120) {cm (); break;}
        if ((fyy-fyl) >20) {mot (-80，80);}
        if ((fyl-fyy) >20) {mot (80，-80);}
        mot (100，100);
    }
    mot (-90，-90);sleep (0.15);ao ();
    mot (90，-90);sleep (0.25);//ao (); sleep (1.);
    reset _ system _ time ();
    while (mseconds () <300L) {mL ();} //ao (); sleep (1.);
      while (1)
        {
        if (dp<130) {ao (); break;}
      else {mL ();}
```

```
        }
    reset _ system _ time ();
    while (mseconds () ＜500L) {mL ();}
while (1) {if (fqr==1&& (fll==1 | | fql==1)) {mot (-95, -
95); sleep (0.1); ao (); break;} else {mL02 ();}}
    while (1)
        {
if (dp＜130) {mot (-90, -90); sleep (.1); ao (); break;}
        else {mL ();}
        }
    while (1) {}
}
void mL () //左迷宫
{
    if (fql==1) {mot (65, -65);}
    else if (fll==1) {mot (90, 90);}
      else {mot (-95, 95); mot (45, 95);}
}
void mL3 () //左形迷宫
{
    if (fql==1) {mot (65, -65);}
    else if (fll==1) {mot (90, 90);}
      else {mot (-95, 90); mot (60, 90);}
}
void mL03 () //左形迷宫
{
    if (frr==1) {mot (-15, 80); sleep (0.05);}
    if (fll==1) {mot (80, 95);}
    else {mot (45, 95);}
}
void mL02 () //左形迷宫
{
```

```
    if (fql==1) {mot (65，-65);}
    else if (fll==1) {mot (90，90);}
        else {mot (45，95);}
}
void mR () //右迷宫
{
    if (fqr==1) {mot (-65，65);}
    else if (frr==1) {mot (85，85);}
        else if (frr==0&&fqr==0) {mot (70，-25);}
}
```

6.4.4　运行调试

编写好程序代码后，把程序下载到主控器里，并进行调试修改。

1. 下载程序到机器人，在实际场地进行运行。

2. 运行机器人，测试机器人能否实现预期功能，进行实际检测。

3. 根据现场环境，调整程序中的有关参数值，使其达到理想要求。

拓　展

1. 认真研读以上程序，试着编写机器人进入其他几个房间的代码，并进行现场调试完善。

2. 如果不按以上顺序搜索房间，你还有什么其他的好方案？试着写下来，并进行论证和分析。

阅览室 ▮▮▮▶

未来的机器人会更聪明

将来，机器人将越来越聪明，能为人类做更多的事情，比如检修汽车机器人，只要把车摆上检修台，它用"眼"一扫，用"耳朵"一听，就会查出毛病的部位和原因，进行修理；边防机器人，多小时连续值勤，不管白天、黑夜、风雨、冰雪天气，一有敌情，它就能马上采取措施，同时通知空中、地面报警系统；海洋开发机器人，它们能潜入海中勘察、取样、化验，有条不紊地下海作业，把海底的宝藏献给人类。机器人已越来越融入我们日常的生活与学习工作之中，正在成为人类的好助手、好朋友。

 评一评

参照下面的评价标准，对自己本节课的收获进行评价。

评 价 标 准	评 判 等 级
能够合理设计灭火方案	
具备初步搭建简易机器人的能力	
会根据方案编写出正确的程序代码	
能有效进行调试和修改代码	
总　评	☆☆☆☆☆

6.5 智慧婴儿车机器人

随着生育政策放开，有"二孩"和"三孩"的家庭越来越多。婴儿不能一天到晚都待在床上或抱在怀里，有些时候也需要在家庭的不同房间或者出门转转。婴儿车很常见，但现在绝大多数的婴儿车（图 6-36）只有一些传统的功能，比较简单，智能化程度很低，不能给孩子很好的享受和缺少安全保障。

图 6-36 普通婴儿车

随着 AI 时代到来，各种各样的机器人如雨后春笋般产生，有聊天的、有玩耍的、有语音提醒的，等等。本节中，我们就来动手设计、制作一个智慧婴儿车机器人，将有些功能集合运用到婴儿车中，使得婴儿车更加智能，使得"宝爸"和"宝妈"们在使用婴儿车时更加"舒心"和"放心"。

6.5.1 方案设计

通过网络查找相关资料发现目前市场上很少能看到类似产品，绝大多数都是停留在概念设想上。

任务分析

智慧婴儿车方案初步成型，应该具有跟随功能、尿不湿提醒功能、丢失预警功能、音乐抚慰功能等。除了这些功能外，有的时候家长可能不能实时地在婴儿车边上，可以利用摄像头等对婴儿车进行实时监控。在推车上加装摄像头，让父母就算不在身边，也能通过 App 看到小孩的一切情况。家里的灯光光线、外面太阳光或者外界的光线过强时，会对婴儿娇弱的眼睛产生比较大的伤害。在婴儿车中加入光线调节功能，这样能够起到更好的保护作用。

◀ 解决策略

跟随采用超声波传感器，因为检测距离较远，能够满足使用的需求。跟随的核心算法，采用三组数值比较的方式，来确定前方人在婴儿车什么方位。如果人在左面，婴儿车向左转动（左边的电机停止、右边电机全速正转）；如果人在婴儿车右面，婴儿车向右转动（左边的全速正转、右边电机停止）；如果人在婴儿车正前方，婴儿车前进（两个电机全速正转）。

婴儿防抱走报警，采用红外传感器，即时检测婴儿是否在婴儿车内，如果不在车内，红外传感器被触发，蜂鸣器鸣叫，同时灯亮，灯亮的信号同时也触发手机端短信报警。

婴儿尿尿检测，采用土壤湿度传感器，如果检测到尿尿，土壤湿度传感器被触发，同时让蜂鸣器鸣叫，另外信号触发远程短信报警。

电机的安装，在其主体结构打孔，并安装。然后在直流金属减速电机输出轴上安装联轴器，齿轮安装在联轴器上。齿轮传动考虑到需要扭矩大，所以采用小齿轮带动大齿轮，增加输出扭矩，从而有效驱动婴儿车。

遮阳部分采用新型材料可控玻璃模块。当光敏传感器检测到外界光线较强时，灯灭，驱动继电器闭合，继电器闭合让可控玻璃断电，可控玻璃此时变为不透明。如果光敏传感器检测到光线较暗时，灯亮，继电器闭合，可控玻璃变为透明。

6.5.2 硬件搭建

按照设计方案，在智慧婴儿车机器人主体上安装相关传感器、玻璃板，以及电机等驱动设备。最终装配一个如图 6-37 所示的智慧婴儿车机器人。

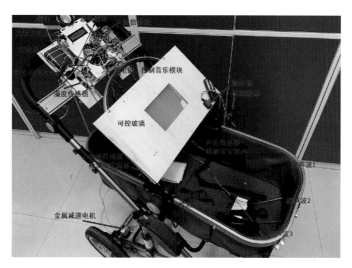

图 6-37　智慧婴儿车机器人

 想一想

在搭建智慧婴儿车的过程中，你发现有何不足？

对于玻璃板固定的角度等反复实测，最终确定。原来结构采用的木板夹持玻璃板，改进的车上将结构的尺寸、大小等进行了优化和调整。

位于扶手的主控板的位置，因为布线等原因会导致在婴儿车使用过程中不太方面，将其放置婴儿车的底部，使用起来比较方便，如图 6-38 所示。

图 6-38　改进的智能婴儿车机器人

部件清单

准备智慧婴儿车机器人配件，见表 6-7 所列。

表 6-7 智慧婴儿车机器人配件

序号	所需配件	个数套数	配件在本方案中的功能	配件图片
1	土壤湿度传感器	1	婴儿尿尿检测	
2	超声波传感器	3	判断前方人在婴儿车什么方位	
3	声音传感器	1	检测宝宝哭声	
4	液晶屏	1	显示相关数据	
5	红外传感器	1	检测婴儿是否在婴儿车内	
6	金属减速电机	2	驱动车轮动作	

（续表）

序号	所需 配件	个数 套数	配件在本方案中 的功能	配件 图片
7	机械图纸 CAD 加工图加工	4	加工传动齿轮	
8	喇叭	1	发出声音	
9	可控玻璃	1	光线能否通透	
10	摄像头	1	进行实时监控	

6.5.3　编写程序

搭建好机器人硬件后，编写程序验证电机工作是否正常，能否驱动婴儿车，然后验证传感器工作时，是否正常（用显示屏实时显示传感器的数值，统计总结其规律），最后写完整程序，将传感器的数值写进程序。

这里提供了部分代码。

```
1    #include "Includes.h"
2    int a;
3    int b;
4    void main()
5    {
6      init_devices();  //器件初始化
7      int V_Sensor1 = 0;
8      int V_Sensor2 = 0;
9      int V_Sensor3 = 0;
10     int V_Sensor4 = 0;
11     int V_Sensor5 = 0;
12     int V_Sensor6 = 0;
13     int V_Sensor7 = 0;
14     int V_Sensor8 = 0;
15
16     int V_C1 = 0;
17
18     a = 140;
19     b = 600;
20
21     while(1)
22     {
23       V_Sensor1=infraredSensor(1);
24       V_Sensor2=infraredSensor(2);
25       V_Sensor3=infraredSensor(3);
26       V_Sensor4=infraredSensor(4);
27       V_Sensor5=infraredSensor(5);
28       V_Sensor6=infraredSensor(6);
29       V_Sensor7=infraredSensor(7);
30       V_Sensor8=infraredSensor(8);
31       LCDLine1("liangdu",1,V_Sensor6);
32       LCDLine2("shidu",1,V_Sensor8);
33       LightControl(1,0);
34       LightControl(2,0);
35       LightControl(3,1);
36       if(V_Sensor6<688)
37       {
38         LightControl(2,1);
39       }
40       if(V_Sensor1>a&&V_Sensor2>a&&V_Sensor3>a)
41       {
42         DCMotor(1,1,10);
43         DCMotor(2,1,10);
44       }
45       else
46       {
47         if(V_Sensor1<V_Sensor2&&V_Sensor1<V_Sensor3)
48         {
49           DCMotor(1,1,20);
50           DCMotor(2,0,20);
51         }
52         if(V_Sensor2<V_Sensor1&&V_Sensor2<V_Sensor3)
53         {
54           DCMotor(1,0,20);
55           DCMotor(2,0,20);
56         }
57         if(V_Sensor3<V_Sensor1&&V_Sensor3<V_Sensor2)
58         {
59           DCMotor(1,0,20);
60           DCMotor(2,1,20);
61         }
62       }
63       if(V_Sensor8<500||V_Sensor7<500)
64       {
65         LightControl(1,1);
66         LightControl(2,1);
```

```
64      {
65          LightControl(1,1);
66          LightControl(2,1);
67          Beep(5);
68          LightControl(1,0);
69          LightControl(2,0);
70      }
71      if(V_Sensor5>880)
72      {
73          LightControl(3,0);
74          Delay(18000);
75          LightControl(3,1);
76          Delay(1000);
77      }
78      if(V_Sensor4<2)
79      {
80          LightControl(2,1);
81          LightControl(3,1);
82          for (V_C1=0; V_C1<3; V_C1++)
83          {
84              Beep(1);
85          }
86          LightControl(2,0);
87          LightControl(3,0);
88          Delay(18000);
89          LightControl(3,1);
90      }
91  }
92 }
```

6.5.4　运行调试

编写好程序代码后，程序下载到机器人中，并进行调试和修改。

1. 下载程序到机器人，在平整场地进行运行。
2. 运行机器人，测试机器人能否实现预期功能，进行实际检测。
3. 根据现场环境，调整程序中的有关参数值，使其达到理想要求。

讨　论

1. 该智慧婴儿车机器人可以从哪些方面进行怎样的改进与完善？
2. 畅享未来的智慧婴儿车机器人。

阅览室 ▶

一款连接 App 的智能婴儿推车

如图 6-39 所示是国内某公司开发的一款极具科技创新元素的智能婴儿车。一般智能婴儿推车研发成本高，周期长，所以往往上市以后价格都非常高，这也是智能婴儿推车普及中遇到的一个大问题。该公司开发的智能婴儿车相比于国外的智能婴儿车，价格非常亲民，是普通大众也能用得起的高大上智能产品。

该公司团队通过在推车中植入智能压力传感器，实现了宝宝坐在推车上就能实时感知宝宝的体重，另外在推车把手液晶屏幕上可以实时查看宝宝实时体重、婴儿车的速度、里程和环境温度

图 6-39　一款连接 App 的智能婴儿车

等。该推车通过与 App 互联，为宝宝提供智能健康管家服务，能测量及管理宝宝的健康数据、出行数据等。App 还能给父母提供便捷精准的育儿资讯，更为重要的是能把宝宝的这些健康生活状态分享给亲戚、朋友，让育儿变得轻松有趣。

如图 6-40 所示的智慧婴儿车给千篇一律的国产婴儿车带来了新的气息，它改变了推车与父母的交互方式，在 App 端做宝宝健康数据、出行数据、精准育儿咨询等的深度定制，结合推车硬件本身，在手机软件端做丰富的数据和内容开发，这也是智能硬件领域时下的发展趋势。

图 6-40　智慧婴儿车机器人

拓　展

1. 土壤湿度传感器

工作电压 3~6V，外形尺寸 8mm×98mm，安装孔径 4mm，安装孔距离为 10mm。

市面上有两种原理的传感器，分别是电阻式土壤湿度传感器和电容式土壤湿度传感器。这里我们使用电容式土壤湿度传感器，因为除了其精度高些之外，也避开了电阻式土壤传感器的缺点——其设计的原理会使得长期使用的传感脚极容易被电解和腐蚀，从而大大降低了传感器的使用寿命而且也影响精度。

2. 超声波传感器

如图 6-41 所示为超声波传感器工作原理，它的工作电压 3~6V，外形尺寸 30mm×40mm，安装孔径 4mm，安装孔距离为 20mm。

人们能听到声音是由于物体振动产生的，它的频率在 20Hz~20kHz 范围内，超过 20kHz 称为超声波，低于 20Hz 的称为次声波。常用的超声波频率为几十 kHz~几十 MHz。其中超声波的特性是频率高、波长短、绕射现象小。但它最显著的特性是方向性好，且在液体、固体中衰减很小，穿透本领大，碰到介质分界面会产生明显的反射和折射，因而广泛应用于工业检测中。

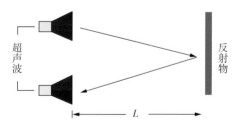

图 6-41　超声波传感器工作原理

超声波传感器则是利用声波介质将超声波信号转换成其他能量信号（通常是电信号）的传感器。超声波传感器主要采用直接反射式的检测模式，位于传感器前面的被检测物通过将发射的声波部分地反射回传感器的接收器，从而使传感器检测到被测物。还有部分超声波传感器采用对射式的检测模式。一套对射式超声波传感器包括一个发射器和一个接收器，两者之间持续保持"收听"。位于接收器和发射器之间的被检测物将会阻断接收器接收发射的声波，从而传感器将产生开关信号。

3. 声音传感器

工作电压 3～6V，外形尺寸 20mm×30mm，安装孔径 4mm，安装孔距离为 10mm。声音传感器的作用相当于一个话筒（麦克风），它用来接收声波，显示声音的振动图像，但不能对噪声的强度进行测量。

该传感器内置一个对声音敏感的电容式驻极体话筒。声波使话筒内的驻极体薄膜振动，导致电容的变化，而产生与之对应变化的微小电压。这一电压随后被转化成 0～5V 的电压，经过 A/D 转换被数据采集器接收，并传送给控制器。

3. 液晶屏

1602 液晶模块内部的字符发生存储器（CGROM）已经存储了 160 个不同的点阵字符图形。这些字符有：阿拉伯数字、英文字母的大小写、常用的符号和日文假名等，每一个字符都有一个固定的代码，比如大写的英文字母"A"的代码是 01000001B（41H），显示时模块把地址 41H 中的点阵字符图形显示出来，我们就能看到字母"A"。

1602 采用标准的 16 脚接口，其中：

第 1 引脚：GND 为电源地。

第 2 引脚：VCC 接 5V 电源正极。

第 3 引脚：V0 为液晶显示器对比度调整端，接正电源时对比度最弱，接地电源时对比度最高（对比度过高时会产生"鬼影"，使用时可以通过一个 10K 的电位器调整对比度）。

第 4 引脚：RS 为寄存器选择，高电平 1 时选择数据寄存器、低电平 0 时选择指令寄存器。

第 5 引脚：RW 为读写信号线，高电平 1 时进行读操作。

第 6 引脚：E（或 EN）端为使能（enable）端，高电平 1 时读取信息，负跳变时执行指令。

第 7～14 引脚：D0～D7 为 8 位双向数据端。

第 15～16 引脚：空脚或背灯电源。第 15 引脚背光正极，第 16 引脚背光负极。

5. 继电器

工作电压 3～6V，外形尺寸 30mm×40mm，安装孔径 4mm，安装孔距离为 20mm。

6．灯带

工作电压为 5V。

7．光敏传感器

工作电压 3～6V，外形尺寸 20mm×30mm，安装孔径 4mm，安装孔距离为 10mm。

8．红外传感器

工作电压 3～6V，外形尺寸 20mm×30mm，安装孔径 4mm，安装孔距离为 10mm。

9．金属减速电机

工作电压 3～6V，输出轴 6mm，安装螺丝 4mm。

10．机械图纸 CAD 加工图（图 6-42）

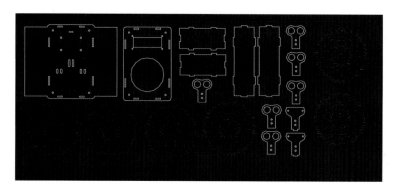

图 6-42　机械图纸 CAD 加工图

 评一评

参照下面的评价标准，对自己本节课的收获进行评价。

评　价　标　准	评　判　等　级
能够合理设计智能婴儿车方案	
具备初步搭建智能婴儿车的能力	
会根据方案编写出正确的程序代码	
能有效进行调试和修改代码	
总　　评	☆☆☆☆☆

6.6　VEX 机器人

VEX 机器人要求学生自行设计、制作机器人并进行编程。机器人既能自动程序控制，又能通过遥控器控制，并可以在特定的场地上，按照要求完成各种任务。

本节中，我们就动手设计、制作一个 VEX 机器人，如图 6-43 所示，可以完成各种任务（使圆帽在比赛场地或立柱上，用机器人或小球击打来拨动小旗，机器人停泊在联队泊位或中央泊位），来比一比、赛一赛。

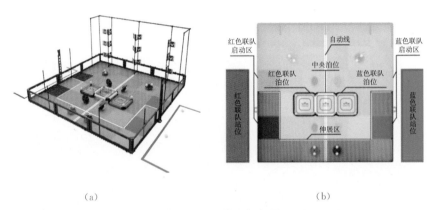

（a）　　　　　　　　　　　　　　（b）

图 6-43　机器人任务图

比赛分自动时段和手动时段。自动比赛时段获胜的队伍得 4 分。手动时段，拨动高旗得 2 分，拨动低旗得 1 分，高分圆帽得 2 分，低分圆帽得 1 分，联队停泊的机器人得 3 分，中央停泊的机器人得 6 分，得分越多成绩就越好。

6.6.1　方案设计

根据 VEX 机器人完成的任务要求，把整个任务分解成几个相对简单的分任务，并提出解决分任务的方法和实施步骤。

◣ 任务分析

比赛分成自动时段和手动时段。无论是自动时段，还是手动时段，首先要设计和制作机器人。机器人可以用自己或者小球击打来拨动小旗，使圆帽在比赛场地或立柱上和机器人停泊联队泊位或中央泊位上得分。基本思路：首先设计和制作机器人机械结构，接着编写程序，机器人正常运转，最后编写自动程序。

解决策略

1. 机器人结构设计

机器人的机械结构主要由弹射系统、翻圆帽装置、吸球装置和上台装置组合而成。如图 6-44 所示，弹射系统采用两个 6：1 力量型 V5 马达带动铰连接的弹射器，再用皮筋拉动，以达到射球后能复位的效果。用四小一大齿轮将弹射器与中间五格宽板连接，利用程序实现打球时弹射器下转 165°。

(a)　　　　　　　　　(b)　　　　　　　　　(c)

图 6-44　机器人弹射系统

最初在两边使用铝条防止掉球，后来用皮筋加以改进，不仅使机器结构更加轻便，并且使发射力度更加符合标准。通过反复调试，巧妙地将皮筋的作用发挥到极致。弹射器两边的皮筋拉动，使弹射器复位；并在四周使用五根皮筋与铝条，达到了防止侧向掉球的效果。最后，将弹射器的两端利用网状的皮筋构成防掉球装置，固定在机器的后方。其中皮筋构成的各孔的宽度均小于球的直径。这样，不仅很好地保护了机器，也将因运动时惯性而产生的后向掉球的可能性减小到零。

如图 6-45 所示，翻圆帽装置利用 2×20 的小 C 钢连接两个 6：1 的力量型 V5 马达，可以在机器前方 90°旋转，翻转圆帽。最前端的两个 135°拐角片可以将圆帽精准翻转，并且在翻转后还可以将圆帽置于拐角片下，把已翻转的圆帽挪开，大大减少了翻转时因为力度过大而使圆帽翻回原样的尴尬局面出现；内侧的滑轮和旁边的两块宽板用于支撑上台。经过多次实验发现在装置旋臂的靠近机器的三等分点处安装两个六格小 C 钢并固定弯曲的 PVC 聚氯乙烯塑料条，机器前进时可以利用推力将圆帽顺势翻转，提高得分率，同时也可以以此拉大比分差距，制造有利形势。

图 6 - 45　翻圆帽装置

如图 6 - 46 所示，吸球装置利用一个 36∶1 的超高速 V5 马达，带动履带实现吸球功能。履带背面用 PVC 聚氯乙烯塑料并在上方固定海绵软网，增大摩擦，不会使履带出现空转现象。靠近底盘的位置、履带的底部，一根长轴上固定另两个小履带，可以将滚入机器下方的球都收集并吸入，使操作更加简便，也解决了底盘卡球、妨碍运行的问题。

图 6 - 46　吸球装置

如图 6 - 47 所示，上台装置中，考虑了台子四面是弧形的且为塑料材质，比较光滑，会出现轮子与平台相切却空转的现象。于是，在翻圆帽装置前面加了宽钢和滑轮，并且在底盘中间增加一对悬空却与接地四轮并齿的齿轮。悬空齿轮连有两个普通马达，外侧裹上履带，增大摩擦。当我们在上低台或高台时，先用翻圆帽装置撑住台面，机器前进，悬空的轮子接触侧面弧形，产生摩擦力，推动机器顺利上台。另外，当对方机器优先占领高台台面时，翻圆帽装置更能起到"将对方机器推下台，抢占高台"的绝妙反败为胜效果。

图 6 - 47　上台装置

讨　论

除了上述弹射系统结构中用小球击打来拨动小旗外，你还想到了什么结构？

2. 自动程序的编写与选择

（1）线路选择：之前编写自动方案为：在一次自动中掀翻启动区前方的圆帽，再打己方最靠场边架子上的高旗和低旗，最后转弯，前冲推圆帽和中间架子上的低旗。但因为场地及机器的误差，虽然能准确地推翻圆帽并吸球，但存在打球前只有一球落入弹射器中，并且最后推中间架子上的低旗时，机器会越界，导致自动判负的情况。

（2）改进方案：①在射球前，先把下不去的球往下退一点，再在向上吸球的同时前进，利用惯性将两个球推入弹射器中，最后打球。②针对推低旗会越界的问题，将原来用来翻碟盖的手臂用来轻微触碰低旗，这样就不会有越界问题，同时也减少了挂网或者碰触到杆子导致机器自动的偏差了。

之前的程序是比较完美，但还是有不少问题。例如，前场程序的负担极低，导致后场负担较重，并且后场程序对于程序连贯性要求很高，如果一步出了问题，那么后面就几乎不得分了。并且由于得分靠后，所以风险很高。

设计了六套自动程序，前后场各三套。方案如下：

（1）前场自动

① 如图 6 - 48 所示，前场第一套：

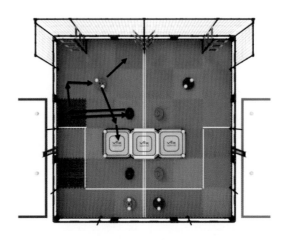

图 6 - 48　前场自动程序方案 1

说明：这套自动是最为基础的自动，前场打球上台，比较稳，并且干扰较小，很实用。

优点：基本，容错率高，时间短，和外界自动方案契合。

缺点：得分低，容易被对手针对。

② 如图 6 - 49 所示，前场第二套：

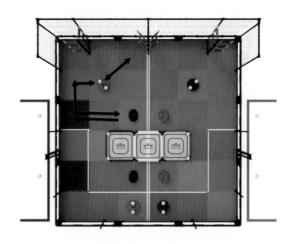

图 6 - 49　前场自动程序方案 2

说明：这套自动可以压时间用来控制中旗，这样可以得到中旗，但必须要后场机器上台。

优点：可以压中旗。

缺点：如果对面不打中旗得分反而很少，必须要后场机器上台。

③ 如图 6-50 所示，前场第三套：

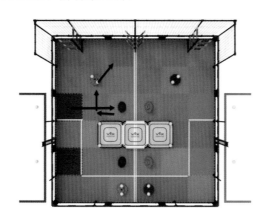

图 6-50　前场自动程序方案 3

说明：这套自动是最初设计的自动，但得分很少，与后场第三套自动配合效果极佳，保留使用。

优点：配合性佳，十分稳定。

缺点：得分过少，并且完全依赖后场配合。

（2）后场自动

① 如图 6-51 所示，后场第一套：

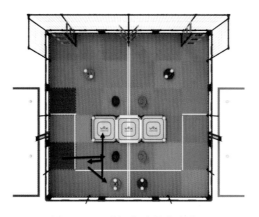

图 6-51　后场自动程序方案 1

说明：这套自动与前场第二套自动可以相互配合，可以上台，但得分最高只有 6 分，较低。

优点：稳定，不干扰前场，可以上台。

缺点：总得分低。

② 如图 6-52 所示，后场第二套：

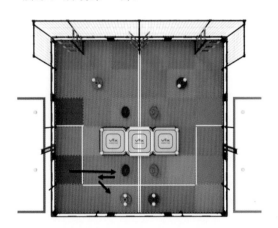

图 6-52　后场自动程序方案 2

说明：这套自动在上一套自动的基础上去掉了上台，遇到前场上台且稳定的自动时可以使用，作为保底自动。

优点：完全不干扰前场，配合性极高。

缺点：没有上台，得分极少。

③ 如图 6-53 所示，后场第三套：

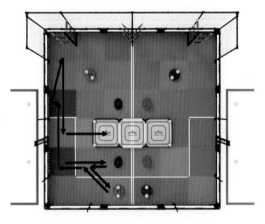

图 6-53　后场自动程序方案 3

说明：这一套自动，也是设计较好的自动方案。它在 25s 内使得得分最大化，并且由后场执行，使用了侧平移、仅前轮后退等多次矫正，在不被干扰的情况下成功率高达 80%，但问题也很多，例如：由于路线过长，长途奔袭，容易被干扰，并且前场机器必须不形成干扰。很少会有这样的自动，所以配合度欠佳。但同时，由于解放了前场，所以在配合如果机器出现问题、无法行动的情况下，可能会出现以一敌二的情况。所以这套自动方案作为备选自动。

优点：得分极多，解放前场，校准很多使得成功率大幅提高。

缺点：易被干扰，且前场机器不一定能配合好。

讨　论

你能设计出更加稳定、得分更高的自动方案吗？

3. 程序亮点

（1）使用模块化编程

在现在的程序中，为了使编程效率更高，对前进、后退、吸球、吐球等常见程序都进行了集成，使得之后使用时极大方便了操作，具体如图 6-54 所示。

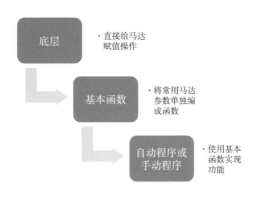

图 6-54　模块化编程

（2）校准程序的改进

之前遇到过后退校准时后轮会上墙的问题，之后对此进行了改进，使仅前轮后退，而后轮不动，这样解决了后轮上墙问题的同时，可以将速度和力量开到最大，大大提高了校准效率，程序实现如图 6-55 所示：

```
void Back1(int power,int speed)
{
LeftRun_1.setMaxTorque(power,percentUnits::pct);
LeftRun_1.spin(directionType::fwd,-speed, velocityUnits::pct);
RightRun_1.setMaxTorque(power,percentUnits::pct);
RightRun_1.spin(directionType::fwd,speed, velocityUnits::pct);

}
```

图 6-55 校准程序

注：程序中输入想要的力量和速度，LeftRun_1 和 RightRun_1 分别指代左前轮和右前轮，第 1、3 行给两个马达设置了力量，第 2、4 行给两个马达设置了速度，单位都是百分比。会发现两个轮子的速度一个正值、一个负值，这是因为两个马达的安装方式不同，所以旋转方向不同。

在后场第三套自动中，前进跑到前场的过程中，如果没有校准，后场有一点点的转向误差就会被无限放大，所以采用了平移程序，撞击了侧板，大幅提升了成功率，也是成功率 80％的一个很重要的因素。程序实现如图 6-56 所示：

```
void Trans(int power, int spd) {
  m(LeftRun_1, power, spd * Side);
  m(LeftRun_2, power, spd * Side);
  m(RightRun_1, power, spd * Side);
  m(RightRun_2, power, spd * Side);
}
```

图 6-56 平移程序

注：首先给定力量和速度。与前文相同，马达定义不再赘述，其中带 2 后标的是后轮。程序中 1、2 后标的由于旋转方式不同，所以实际中会呈现一个正转、一个反转的情况，再配合麦克拉姆轮的特殊结构，就会实现平移的效果。程序中还定义了一个变量 Side，这是我们在前文中定义的变量，用于区分红方和蓝方，红方定义为 1，蓝方定义为 -1，这样可以实现红蓝方直接共用一套自动。

拓　展

机器人常见的移动方式有：轮式、履带式和步行式。VEX 一般采用轮式移动的方式，常见的有以下 3 种车轮（表 6-8），从自动方案的角度分析，为何本项目设计的机器人使用麦克纳姆轮？

表 6-8　3 种车轮比较

	橡胶轮	万向轮	麦克纳姆轮
图片			
特点	抓地力大， 转弯摩擦力大	灵活，转弯 摩擦力小	可以很好地实现平移 以及 45°行进
应用	在 VEX 机器人中我们一般采用万向轮，适用性强，转弯灵活，但如果需要进行平移或特殊角度移动时，就可以使用到麦克纳姆轮		

6.6.2　硬件搭建

按照设计方案，搭建机器人，最终装配一个如图 6-57 所示的 VEX 机器人。

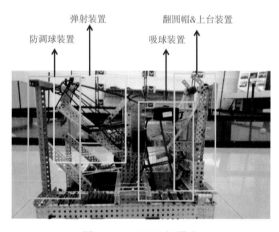

弹射装置　　　　翻圆帽&上台装置

防调球装置　　　　　　吸球装置

图 6-57　VEX 机器人

部件清单

准备 VEX 机器人配件，见表 6-9 所列。

表 6-9　VEX 机器人配件

序号	所需 配件	个数 套数	配件在本方案中 的功能	配件 图片
1	麦克纳姆轮 （全向轮）	4	4 个轮子即可向 任何方向直线移动	

序号	所需配件	个数套数	配件在本方案中的功能	配件图片
2	橡胶齿轮	若干	传递动力	
3	金属齿轮	若干	传递动力	
4	链轮	若干	远距离传输动力	
5	四方轴	若干	支承转动并传递运动、扭矩	
6	履带、拨片	若干	配合履带或加强链条组成吸取装置	
7	5格C型铝材	若干	机器人装配	
8	3格C型铝材	若干	机器人装配	

（续表）

序号	所需配件	个数套数	配件在本方案中的功能	配件图片
9	2 格 C 型铝材	若干	机器人装配	
10	撑柱（螺母柱）	若干	紧固、连接	
11	防滑螺母	若干	紧固结构件，带防松动功能	
12	带爪螺母	若干	紧固结构	
13	轴箍（限位杯适）	若干	紧固、连接、限位	
14	轴承片（三孔垫片）	若干	转动件更加耐磨并帮助其减震	
15	六角螺丝	若干	紧固结构	
16	主控器	1	机器人的"大脑"	
17	遥控器	1	手动操控机器人	

（续表）

序号	所需配件	个数套数	配件在本方案中的功能	配件图片
18	智能天线	1	无线连接	
19	智能电机	8	提供动力	
20	主控器电池	1	为机器人提供电能	

 想一想

VEX 机器人弹射装置在转动的过程当中是有限制活动范围的，若超出有限的活动范围将会导致机器结构或电子器件的损坏，所以我们常采用物理或程序的限位进行控制，该机器人弹射装置物理限位是如何设计装配的？程序限位可以使用哪些传感器呢？

6.6.3　编写程序

搭建好机器人硬件后，就可以为机器人编写程序了。这里提供了该 VEX 机器人的部分代码。

```
#include <math.h>
#include <stdio.h>
#include <stdlib.h>
#include <string.h>
#include " v5.h"
#include " v5_vcs.h"
using namespace vex;
using namespace std;
#include <cmath>
brain Brain;
```

```
bumper Bumper = vex：bumper (Brain. ThreeWirePort. H)；
gyro Gyro = vex：gyro (Brain. ThreeWirePort. A)；
motor LeftRun_1 = motor (PORT2，gearSetting：ratio18_1)；
motor LeftRun_2 = motor (PORT3，gearSetting：ratio18_1)；
motor UpDown_1 = motor (PORT4，gearSetting：ratio36_1)；
motor Intake_1 = motor (PORT10，gearSetting：ratio6_1)；
motor Shoot_1 = motor (PORT6，gearSetting：ratio36_1)；
motor Shoot_2 = motor (PORT7，gearSetting：ratio36_1)；
motor RightRun_1 = motor (PORT8，gearSetting：ratio18_1)；
motor RightRun_2 = motor (PORT9，gearSetting：ratio18_1)；
controller Controller1 = controller (controllerType：primary)；
controller Controller2 = controller (controllerType：partner)；
int Choose = 0；
int Side = 1；
int Auto = 1；
int Flager_Updown = 0；
int Flager_Shoot = 0；
int Shoot_beake = 1；
int Flag_Refresh = 0；
int Shoot_Degree = 520；
int Round；
int start；
int adjust=0；
int gro = 78；
float Auto_Time = 15；
Int Auto_Turn_1=-230，Auto_Turn_2=-9，Auto_Turn_3=
200，Auto_Turn_4=-90；
int R1 = 300；
int R2 = 400；
float turn_slow = 0.8；
void m (motor motor_name，int power，int speed)
{
```

```
        motor _ name. setMaxTorque (power, percentUnits:: pct);
        motor _ name. spin (directionType:: fwd, speed, velocityUnits::
pct);
    }
    void Run _ Ctrl (int power, int left, int right)
    {
        m (LeftRun _ 1, power, —left);
        m (LeftRun _ 2, power, left);
        m (RightRun _ 1, power, —right);
        m (RightRun _ 2, power, right);
    }
    void RunStop (brakeType brake _ name)
    {
        LeftRun _ 1. stop (brake _ name);
        LeftRun _ 2. stop (brake _ name);
        RightRun _ 1. stop (brake _ name);
        RightRun _ 2. stop (brake _ name);
    }
    void StopSlow (brakeType brake _ name)
    {
        LeftRun _ 1. stop (coast);
        LeftRun _ 2. stop (brake _ name);
        RightRun _ 1. stop (coast);
        RightRun _ 2. stop (brake _ name);
    }
    void Trans (int power, int spd)
    {
        m (LeftRun _ 1, power, spd * Side);
        m (LeftRun _ 2, power, spd * Side);
        m (RightRun _ 1, power, spd * Side);
        m (RightRun _ 2, power, spd * Side);
    }
```

```
void Run (int power, int spd) { Run_Ctrl (power, spd, -spd);
}
void Turn (int power, int turnspd) { Run_Ctrl (power, turnspd,
turnspd); }
void Intake (int spd) { m (Intake_1, 100, spd);
}
void Shoot (int power, int spd)
{
    m (Shoot_1, power, spd);
    m (Shoot_2, power, -spd);
}
void ShootStop (brakeType brake_name)
{
    Shoot_1. stop (brake_name);
    Shoot_2. stop (brake_name);
}
void ShootHold (void)
{
    Shoot_1. setMaxTorque (0, percentUnits:: pct);
    Shoot_2. setMaxTorque (0, percentUnits:: pct);
    Shoot_1. spin (directionType:: fwd);
    Shoot_2. spin (directionType:: rev);
}
void UpDown (int spd) { m (UpDown_1, 100, -spd);
}
void RunAuto (int power, int spd, int time)
{
    Run (power, spd);
    task:: sleep (time);
    RunStop (coast);
}
void TransAuto (int power, int spd, int time)
```

```
{
  Trans (power, spd);
  task:: sleep (time);
  RunStop (coast);
}
void IntakeAuto (int spd, int time)
{
  Intake (spd);
  task:: sleep (time);
  Intake _ 1. stop (coast);
}
void ShootAuto (int spd, int time)
{
  Shoot (100, spd);
  task:: sleep (time);
  ShootHold ();
}
void UpDownAuto (int spd, int time)
{
  UpDown (spd);
  task:: sleep (time);
  UpDown _ 1. stop (brake);
}
void mAuto (motor motor _ name, int power, int spd, int time)
{
  m (motor _ name, power, spd);
  task:: sleep (time);
  m (motor _ name, 0, 0);
}
void Refresh (void) {
  Shoot (5, -100);
  m (UpDown _ 1, 0, -100);
```

```
    task：：sleep（500）；
    ShootStop（coast）；
    m（UpDown _ 1，100，0）；
    UpDown _ 1. stop（brake）；
    Flager _ Shoot = 0；
    Shoot _ 1. resetRotation（）；
    UpDown _ 1. resetRotation（）；
}
void Rounds（void）{ Round = （Shoot _ 1. rotation（rotationUnits：：
deg）） / 550；
}
void TurnDegree（int degrees，int TimeOut）
{
    float now = Gyro. value（rotationUnits：：deg）；
    Brain. resetTimer（）；
    while（abs（Gyro. value（rotationUnits：：deg）－ now）＜ abs
（degrees）* gro/ 100）
    {
        if（Brain. timer（timeUnits：：sec）＞ TimeOut && TimeOut ＞ 0）
    {
            break；
        }
        Turn（100，abs（degrees）* Side * 100 * turn _ slow/ de-
grees）；
    }
    RunStop（brake）；
}
void Turnencode（int turnspd，int encode）
{
    Turn（5，10 * Side * abs（encode） / encode）；
    task：：sleep（100）；
    RunStop（coast）；
```

```
    LeftRun _ 1. resetRotation ();
    RightRun _ 1. resetRotation ();
    while (1)
{
if ( (abs (LeftRun _ 1. rotation (rotationUnits:: deg)) +
           abs (RightRun _ 1. rotation (rotationUnits:: deg))) /
           2 < abs (encode))
{
        Turn (100, (Side * abs (encode) / encode) * turnspd);
        }
else
{
        RunStop (brake);
        break;
    }
    }
    RunStop (brake);
    task:: sleep (100);
    RunStop (coast);
}
void Runencode (int speed, int encode)
{
    LeftRun _ 1. resetRotation ();
    Brain. resetTimer ();
    float timeout = 0. 1 * encode/ abs (speed);
    while (Brain. timer (timeUnits:: sec) <= timeout + 0. 3)
    {
        if (abs (LeftRun _ 1. rotation (rotationUnits:: deg)) < encode -
100)
    {
        Run (100, speed);
        }
```

```
        else
    {
            break;
        }
    }
    RunStop（brake）；
}
void RunencodeSlow（int speed，int encode）
{
    LeftRun _ 1. resetRotation（）；
    Brain. resetTimer（）；
    float timeout ＝ 0. 1 ＊ encode/ abs（speed）；
    while（Brain. timer（timeUnits：：sec）＜＝ timeout ＋ 0. 5）
    {
        if（abs（LeftRun _ 1. rotation（rotationUnits：：deg））＜ 50）
    {
        Run（100，speed ＊ 0. 3）；
        } else if（abs（LeftRun _ 1. rotation（rotationUnits：：deg））＜ 100）
    {
            Run（100，speed ＊ 0. 6）；
        }
    else if（abs（LeftRun _ 1. rotation（rotationUnits：：deg））＜ encode －
100）
    {
            Run（100，speed）；
        }
    else if（abs（LeftRun _ 1. rotation（rotationUnits：：deg））＜ encode －
80）
    {
            Run（100，speed ＊ 0. 8）；
        }
    else if（abs（LeftRun _ 1. rotation（rotationUnits：：deg））＜ encode －
```

```
50)
    {
        Run (100, speed * 0.6);
    }
    else if (abs (LeftRun _ 1. rotation (rotationUnits:: deg)) < encode -
30)
    {
        Run (100, speed * 0.4);
    }
    else if (abs (LeftRun _ 1. rotation (rotationUnits:: deg)) < encode)
     {
        Run (100, speed * 0.2);
     }
    else
    {
        break;
     }
    }
    RunStop (brake);
    task:: sleep (100);
    RunStop (coast);
}
void Transencode (int encode)
{
    LeftRun _ 1. resetRotation ();
    Brain. resetTimer ();
    float timeout = abs (encode) / 500;
    while (Brain. timer (timeUnits:: sec) <= timeout + 0.3)
    {
        if (abs (LeftRun _ 1. rotation (rotationUnits:: deg)) < abs (encode))
        {
```

```
        Trans (100，Side * 100 * abs (encode) / encode);
    }
      else
{

        break;
    }
  }
  RunStop (brake);
  task：sleep (100);
  RunStop (coast);
}

  void Shootencode (int encode)
  {
  Brain. resetTimer ();
  while (Brain. timer (timeUnits：sec) <= 1)
{

    if (Shoot _ 1. rotation (rotationUnits：deg) < start + encode)
{

        Shoot (100，100);
    }
else
{

        break;
    }
  }
  Shoot (0，1);
}
void Auto _ Ctrl ()
  {
  int x，y;
  if (Side == 0 && Brain. Screen. pressing ())
{
```

```
x = Brain. Screen. xPosition ();
y = Brain. Screen. yPosition ();
Brain. Screen. drawCircle (x, y, 50);
while (Brain. Screen. pressing ());
if (x > 260)
{
    Brain. Screen. clearScreen ();
    Controller1. Screen. clearScreen ();
    Brain. Screen. drawRectangle (10, 20, 100, 200, color: : blue);
    Brain. Screen. drawRectangle (130, 20, 100, 200, color: : blue);
    Brain. Screen. drawRectangle (250, 20, 100, 200, color: : blue);
    Brain. Screen. drawRectangle (370, 20, 100, 200, color: : blue);
    Controller1. Screen. print (" blue");
    Side = -1;
}
else if (x > 20)
{
    Brain. Screen. clearScreen ();
    Controller1. Screen. clearScreen ();
    Brain. Screen. drawRectangle (10, 20, 100, 200, color: : red);
    Brain. Screen. drawRectangle (130, 20, 100, 200, color: : red);
    Brain. Screen. drawRectangle (250, 20, 100, 200, color: : red);
    Brain. Screen. drawRectangle (370, 20, 100, 200, color: : red);
    Controller1. Screen. print (" red");
    Side = 1;
    // while (Brain. Screen. pressing ());
}
}
else if (Brain. Screen. pressing () && Auto == 0)
{
    x = Brain. Screen. xPosition ();
    y = Brain. Screen. yPosition ();
```

```
      Choose = 0;
      Brain. Screen. drawCircle (x，y，50);
      while (Brain. Screen. pressing ()) ;
if (Brain. Screen. xPosition () > 370)
{
          Brain. Screen. clearScreen ();
          Controller1. Screen. clearLine (1);
          Brain. Screen. printAt (200，100，" Auto _ 4");
          Controller1. Screen. print (" Auto _ 4");
          Auto = 4;
      }
else if ( (Brain. Screen. xPosition () > 250))
{
          Brain. Screen. clearScreen ();
          Controller1. Screen. clearLine (1);
          Brain. Screen. printAt (200，100，" Auto _ 3");
          Controller1. Screen. print (" Auto _ 3");
          Auto = 3;
      }
else if ( (Brain. Screen. xPosition () > 130))
{
          Brain. Screen. clearScreen ();
          Controller1. Screen. clearLine (1);
          Brain. Screen. printAt (200，100，" Auto _ 2");
          Controller1. Screen. print (" Auto _ 2");
          Auto = 2;
      }
else if ( (Brain. Screen. xPosition () > 10))
{
          Brain. Screen. clearScreen ();
          Controller1. Screen. clearLine (1);
          Brain. Screen. printAt (200，100，" Auto _ 1");
```

```
        Controller1. Screen. print ("Auto_1");
        Auto = 1;
        //  task:: sleep (500);
      }
      // Brain. Screen. clearScreen ();
    }
  }
  void Joystick (void)
  {
    int left;
    int right;
    int transverse;
left = Controller1. Axis2. value () + (Controller1. Axis1. value () * turn_
slow);
right = - Controller1. Axis2. value () + (Controller1. Axis1. value () *
turn_slow);
    transverse = -Side * Controller1. Axis4. value ();
    if (abs (left) > 10 || abs (right) > 10) {
        Run_Ctrl (100, left, right);
      }
    else
    {
    /* if (abs (LeftRun_1. velocity (velocityUnits:: pct)) > 0&&abs
(RightRun_1. velocity (velocityUnits:: pct)) >0)
        {
        RunStop (coast);
        } */
        StopSlow (brake);
      }
    if (Controller1. ButtonL1. pressing ())
      {
        Intake (100);
```

```
    }
else if (Controller1. ButtonL2. pressing ())
{
    Intake (-80);
}
else
{
    Intake _ 1. stop (coast);
}
if (Controller1. ButtonR1. pressing ())
{
Flager _ Updown = 1;
UpDown _ 1. rotateTo (R2, rotationUnits:: deg, 100, velocityUnits::
pct, false);
}
else if (Controller1. ButtonR2. pressing ())
{
Flager _ Updown = 1;
    UpDown _ 1. rotateTo (R1, rotationUnits:: deg, 100, velocityUnits::
pct, false);
}
    else if (Controller1. Axis3. value () > 60 &&
    UpDown _ 1. rotation (rotationUnits:: deg) >= 20)
{
    UpDown (Controller1. Axis3. value ());
    Flager _ Updown = 0;
}
else if (Controller1. Axis3. value () < -60)
{
    UpDown (Controller1. Axis3. value ());
    Flager _ Updown = 0;
}
```

```
    else if (Flager _ Updown == 0)
  {
      UpDown _ 1. stop（brake）;
  }
    if（Controller1. ButtonUp. pressing（））
  {
      Shoot（100，-100）;
      Flager _ Shoot = 0;
      Shoot _ beake = 1;
  }
  else if（Controller1. ButtonDown. pressing（））
  {
      Shoot（100，100）;
      Flager _ Shoot = 1;
      Shoot _ beake = 1;
  }
  else if（Shoot _ beake == 1）
  {
  if（Flager _ Shoot == 0）
  {
      ShootStop（coast）;
      }
  else if（Flager _ Shoot == 1）
  {
      ShootHold（）;
      }
  }
    if（Controller1. ButtonRight. pressing（））
  {
      Refresh（）;
  }
      if（Controller1. ButtonX. pressing（））
```

```
    {
        Auto = 0;
        Side = 0;
        Brain. Screen. clearScreen ();
        Controller1. Screen. clearScreen ();
        Brain. Screen. drawRectangle (20, 20, 200, 200, color:: red);
        Brain. Screen. drawRectangle (260, 20, 200, 200, color:: blue);
        Choose = 1;
    }
    if (Choose == 1)
    {
        Auto _ Ctrl ();
    }
    if (Side == 0 && Auto == 0
      {
        Controller1. Screen. print (" None _ Auto");
      }
    if (Controller1. ButtonL1. pressing () && Controller1. ButtonL2.
pressing () && Controller1. ButtonR1. pressing () && Controller1. But-
tonR2. pressing ())
      {
        Intake (0);
        UpDown _ 1. rotateTo (R2, rotationUnits:: deg, 100,
velocityUnits:: pct);
        Run (100, 100);
        task:: sleep (500);
        UpDown _ 1. rotateTo (R1 + 70, rotationUnits:: deg, 100, veloci-
tyUnits:: pct);
        task:: sleep (175);
        UpDown _ 1. rotateTo (R2, rotationUnits:: deg, 100,
velocityUnits:: pct);
        task:: sleep (300);
```

```
        UpDown _ 1. rotateTo (R1 + 70, rotationUnits:: deg, 100, veloci-
tyUnits:: pct);
        task:: sleep (700);
        Run (100, -10);
        RunAuto (100, -50, 300);
      }
    if (Controller2. ButtonUp. pressing ())
    {
        Auto=1;
    }
    if (Controller2. ButtonLeft. pressing ())
    {
        Auto=2;
    }
    if (Controller2. ButtonRight. pressing ())
    {
        Auto=3;
    }
    if (Controller2. ButtonDown. pressing ())
    {
        Auto=4;
    }
    if (Controller2. ButtonX. pressing ())
    {
        Auto=5;
    }
    if (Controller2. ButtonY. pressing ())
    {
        Auto=6;
    }


    if (Controller2. ButtonL1. pressing ())
```

```
    {
        Side=1;
    }
    else if (Controller2. ButtonL2. pressing ())
    {
        Side=-1;
    }
    if (Controller2. ButtonR1. pressing ())
    {
        Brain. Screen. print (Shoot _ 1. rotation (rotationUnits：： deg));
    }
}
void Shoot _ Ctrl (int encode)
  {
    Rounds ();
    Shoot _ beake = 0;
    Brain. resetTimer ();
    while (Brain. timer (timeUnits：： sec) <= 1 && Shoot _ beake == 0)
    {
        if (Shoot _ 1. rotation (rotationUnits：： deg) <= (Round) * 540
+ encode)
        {
            Shoot (100, 100);
            Joystick ();
        }
        else {
            break;
        }
    }
}
  void Bnt _ Ctrl (void)
    {
```

```
if (Controller1. ButtonLeft. pressing ())
{
    Rounds ();
    if (Shoot _ 1. rotation (rotationUnits：deg) <= (Round * 540 +
Shoot _ Degree))
    {
        Shoot _ Ctrl (Shoot _ Degree);
        ShootHold ();
        Flager _ Shoot = 1;
        Shoot _ beake = 1;
        // while (Controller1. ButtonLeft. pressing ())
        // {Joystick ();}
    }
    else if (Shoot _ 1. rotation (rotationUnits：deg) > (Round * 540 +
Shoot _ Degree))
    {
        Shoot _ Ctrl (630);
        ShootStop (coast);
        Flager _ Shoot = 0;
        Shoot _ beake = 1;
        // while (Controller1. ButtonLeft. pressing ())
        //    {Joystick ();}
    }
}
```

6.6.4 运行调试

编写好程序代码后，把程序下载到主控器里，并进行调试修改。

1. 下载程序到机器人，在实际场地进行运行。

2. 运行机器人，测试机器人能否实现预期功能，进行实际检测。

3. 根据现场环境，调整程序中的有关参数值，使其达到理想要求。

阅览室 ⅢⅢ▶

VEX 机器人工程挑战赛介绍

VEX 机器人工程挑战赛分为初中、高中和大学 3 个组别。要求参加比赛的代表队自行设计、制作机器人并进行编程。参赛的机器人既能由自动程序控制，又能通过遥控器控制，并可以在特定的竞赛场地上，按照一定的规则要求进行比赛活动。

支持单位：NASA、Google、美国易安信（EMC）、亚洲机器人联盟等；它也是由中科协主办的中国青少年机器人竞赛（CARC）的赛项之一。

评一评

参照下面的评价标准，对自己本节课的收获进行评价。

评 价 标 准	评 判 等 级
能够合理设计 VEX 机器人	
具备初步搭建 VEX 机器人的能力	
会根据方案编写出正确的程序代码	
能有效进行调试和修改代码	
总 　 评	☆☆☆☆☆